蔬菜栽培学实验指导

主编　钟 程

哈尔滨工程大学出版社
Harbin Engineering University Press

图书在版编目（CIP）数据

蔬菜栽培学实验指导 / 钟程主编 .—哈尔滨：哈尔滨工程大学出版社，2022.12
ISBN 978-7-5661-3484-4

Ⅰ. 蔬… Ⅱ. 钟… Ⅲ. 蔬菜园艺－实验－高等职业教育－教材 Ⅳ .S63-33

中国版本图书馆 CIP 数据核字 (2022) 第 233394 号

责任编辑 夏飞洋
封面设计 李宁宁

出版发行 哈尔滨工程大学出版社
社 址 哈尔滨市南岗区南通大街 145 号
邮政编码 150001
发行电话 0451-82519328
传 真 0541-82519699
经 销 新华书店
印 刷 北京虎彩文化传播有限公司
开 本 787mm×1 092mm 1/16
印 张 9.25
字 数 199 千字
版 次 2024 年 1 月第 1 版
印 次 2024 年 1 月第 1 次印刷
定 价 54.00 元
http://www.hrbeupress.com
E-mail:heupress@hrbeu.edu.cn

目　录

第一部分

实验一　蔬菜的识别与分类

一、实验目的

通过观察不同种类蔬菜的外观形态，准确辨认常见的蔬菜，能将不同种类的蔬菜按照不同的标准进行分类。

二、实验原理

据统计世界范围内的蔬菜有200多种，在同一种蔬菜中，有许多亚种。为了便于研究和学习，对蔬菜进行系统分类。蔬菜常见的分类方法有三种，即植物学分类法、食用器官分类法和农业生物学分类法。

三、实验材料

蔬菜的产品器官

四、实验内容

植物学分类法是依照植物自然进化系统，按照科、属、种和亚种进行的分类方法。采用植物学分类法可以明确科、属、种间在形态学、遗传学以及系统进化间的亲缘关系。对蔬菜的轮作倒茬、病虫害防治、种子繁育和栽培管理等方面具有重要的指导作用。

1. 单子叶植物（列举其中一部分蔬菜）

（1）禾本科：毛竹笋、麻竹、菜玉米、茭白

（2）百合科：黄花菜、芦笋、洋葱、大蒜、韭菜

2. 双子叶植物

（1）藜科：根甜菜、叶甜菜、菠菜

（2）睡莲科：莲藕、芡实

（3）豆科：菜豆、豌豆、蚕豆、豇豆、扁豆、刀豆

（4）葫芦科：南瓜、黄瓜、冬瓜、丝瓜、苦瓜

食用器官分类是按照食用部分的器官形态，可将蔬菜分为根、茎、叶、花、果五类。同一类蔬菜的食用器官相同，可以了解彼此间形态及生理关系。食用器官相同的其栽培方法及生物学特性也大体相同。（列举下列部分蔬菜）

①根菜类：萝卜、胡萝卜、根用甜菜、根用芥菜

②茎菜类：莴笋、球茎甘蓝、竹笋、马铃薯、生姜、芋、洋葱、大蒜

③叶菜类：白菜、茼蒿、芹菜、茴香、结球甘蓝、莴苣

④花菜类：黄花菜、朝鲜蓟、花椰菜

⑤果菜类：黄瓜、南瓜、茄子、番茄、菜豆、蚕豆

农业生物学分类是以蔬菜的农业生物学特性作为分类的根据，综合了植物学分类法和食用器官分类法的优点。(以下列举部分蔬菜)

1. 根菜类：萝卜、胡萝卜、芜菁

2. 白菜类：白菜、甘蓝、芥菜

3. 绿叶菜：莴苣、芹菜、菠菜、茼蒿、蕹菜

4. 葱蒜类：洋葱、大蒜、大葱、韭菜

5. 茄果类：茄子、番茄、辣椒

6. 瓜类：南瓜、黄瓜、冬瓜、丝瓜、苦瓜

7. 豆类：菜豆、豇豆、毛豆、刀豆、扁豆、豌豆

8. 薯芋类：马铃薯、山药、芋、姜

9. 水生蔬菜：莲藕、茭白、慈姑、荸荠、水芹

10. 多年生蔬菜和杂类蔬菜：竹笋、黄花菜、香椿、百合

农业生物学分类法除了以上种类外还有食用菌类蔬菜、芽菜类、野生蔬菜

五、实验步骤

1. 观察新鲜蔬菜的产品器官，记录各类蔬菜产品器官的特征。

2. 对所观察蔬菜的食用部分判断其是否属于变态器官，如果是，那属于哪部分变态器官。

六、实验报告

1. 绘制所观察的蔬菜产品器官图。

2. 将所观察的蔬菜分别用三种分类方法进行归类

名称	植物学分类	食用器官分类	农业生物学分类
白菜	十字花科	叶菜类	白菜类
萝卜	十字花科	根菜类	根菜类
大葱	百合科	茎菜类	葱蒜类
菜豆	豆科	果菜类	豆类
西瓜	葫芦科	果菜类	瓜类
花椰菜	十字花科	花菜类	白菜类

实验二　蔬菜种子的形态识别

一、实验目的

1. 了解主要蔬菜种子对外部形态及解剖结构的特点。

2. 区分种子对新陈度。

二、实验原理

蔬菜种子泛指所有可用作播种的蔬菜材料，可从植物学角度分为三类（不包括以真菌的菌丝组织做繁殖材料的食用菌类）。第一类是植物学上真正的种子，仅由胚珠形成，如瓜类、豆类、茄果类、白菜类、葱蒜类等蔬菜种子；第二类种子属植物学上的果实，由胚珠和子房构成，如菊科、伞形科、藜科等蔬菜种子。果实的类型依蔬菜种类不同，有的为瘦果如莴苣，有的为双悬果如胡萝卜、芹菜、芫荽，有的为聚合果如菠菜；第三类属营养器官繁殖的，有鳞茎（大蒜）、球茎（芋、荸荠）、根状茎（生姜、莲藕）、块茎（马铃薯、山药、菊芋）。一般成熟的种子色泽较深，具蜡质；幼嫩种子色泽浅，皱瘪；有的蔬菜新种子色泽鲜艳光洁，具香味；陈种子色彩灰暗，有时有霉味，优良的种子是培育壮苗及取得高产的基础，栽培者必须掌握有关蔬菜种子的知识，才能合理地利用种子达到栽培目的。

三、实验材料及用具

1. 各类蔬菜种子。

2. 用具：解剖镜、放大镜、解剖针、钢卷尺、镊子、刀片等。

四、实验内容

1. 种子识别

（1）将现有的蔬菜种子用放大镜进行观察种子的外观形态。

（2）用解剖镜、解剖针和刀片从纵向和横向分别进行解剖，用放大镜观察其内部结构和外观形态。

（3）用钢卷尺测量种子的大小。

2. 新陈种子的区别

观察种子的外观是否符合该类蔬菜一般的特征，形状是否规整，色泽是否正常，气味是否正常，解剖后内部是否干瘪，是否有霉味。

五、实验步骤

1. 观察蔬菜种子，记录各类蔬菜种子的外观形态和内部结构特征。

2. 对所观察的蔬菜种子鉴定其新陈度。

六、实验报告

1. 绘制所观察的蔬菜种子的外观图和解剖图并标注内部构造的名称。

2. 将所观察的蔬菜种子从色泽、外观、气味及内部结构等方面进行新陈度综合鉴定。

实验三　蔬菜种子质量和活力测定

一、实验目的

了解种子品质测定及活力测定在生产上的意义，并掌握其测定的处理及方法。

二、实验原理

种子质量及种子品质，包括种子品质好坏与产量息息相关，种子播前选择非常重要，可从种子的纯度、饱满度提前判断种子的质量，进一步通过种子活力测定进行筛选优良种子，达到高产稳产的目的。

三、实验材料及用具

1. 各类蔬菜种子。

2. 用具：红墨水或 TTC（2，3，5 氯化三苯基四氮唑）、恒温箱、棕色试剂瓶、刀片、剪刀、电炉、烧杯、量筒、培养皿、纱布、标签纸。

四、实验内容

1. 种子纯度测定

（1）取样　将同种种子置于光滑平坦的白纸上，随机混匀铺平，使之呈正方形，对角线将种子分成四等份，除去上下对角线中的种子，将剩余种子混合后再划线分离，反复多次直到获得需要供试种子样品的质量。

（2）测定方法　根据种子大小，称两份种子每份 50 粒（大粒种子）至 500 粒（小粒种子），清除种子中的混杂物，两份种子分别称重取平均值，作为种子的纯度。

2. 种子绝对质量（千粒重）

从纯净种子中随机取 1 000 粒种子（大粒种子取 500 粒）称重，重复一次，两次取平均值，算出 1 000 粒种子的绝对质量即为千粒重。

3. 种子发芽率及发芽势

（1）发芽前准备　在 10 mm 的培养皿中铺 3 ～ 4 层滤纸，将滤纸浸湿，含水量控制在 80% 左右，以培养皿倾斜没有水流出为度。

（2）种子准备　从纯净种子中随机取 2 ～ 4 份种子，每份 50（大粒种子）～ 100（小粒种子）。

（3）摆放种子　将种子均匀摆放在培养皿的滤纸上，贴上写有蔬菜名称、日期以及重复次数的标签，放在培养箱中，发现有 5% 以上的种子发霉时，需更换培养明，种皮发霉时可将种子洗净后继续发芽，培养箱的温度控制在 25℃，湿度 80%，每天观察发芽情况并记录，当种子的培根长到种子直径的一半时，统计发芽情况。

4. 种子活力测定

（1）取样　随机取吸水膨胀的种子和煮死的种子，每份 100 粒（大粒 50），种子去皮，沿种子的中线切开，取一半放入培养皿中备用。

（2）染色　将种子浸于红墨水（药水比为 1 ∶ 20）或 0.5% ～ 1% 的 TTC 溶液中，常温下红墨水染 15 ～ 20 min，TTC 置于 35 ～ 40℃的恒温培养箱中染 40 min。

（3）统计　取种冲洗，检查统计（胚为红色），颜色越深活力越强，反之则越弱。

五、实验步骤

1. 蔬菜种子的纯度测定和千粒重称量计算。

2. 种子的发芽率和发芽势的统计以及种子活力测定。

六、实验报告

1. 统计每种种子的纯度和千粒重。

2. 发芽率、发芽势以及种子活力的观察和测定。

实验四　简易农用工具的种类和使用

一、实验目的

1. 熟悉常用农用工具的种类。

2. 掌握常用农用工具的使用方法。

二、实验原理

农用工具广泛无法实现机械化的山地，人们用于平整土地、土壤翻耕、开挖沟渠、除草以及产品收获等农业生产活动以提高农业生产效率。

三、实验材料及用具

铁锹、镰刀、锄头

四、实验内容

1. 铁锹

铁锹常用于用于耕地，铲土，在农业生产中铁锹是必不可少的一种工具，很多农业耕作中都可以用到。

包括连把，连把的左侧是支杆，支杆的外部是握柄，连把的右侧是双向套管，双向套管的内部有螺孔，螺孔的内部是连接螺柱的，双向套管的右侧是中端连杆，中端连杆的右侧是尾柱，尾柱的右侧是锹身，锹身的左侧靠近尾柱的上下两侧位置处是踩边，锹身上是滤孔，锹身的右侧是锹锋。现有的铁锹在使用过程中存在一些缺陷，例如使用的时候功能单一，适用性较低，且长度过长不便于携带。铁锹是杠杆，省力或费力与使用方法相关。若用铁锹翻地，将它插入地面后，是省力的。但是用双手前后握住后，将锹中之物抬起是费力的。在锹身上有滤孔，翻土的时候可以将土敲碎，敲碎之后通过锹身将碎土铲起，由于锹身上是滤孔可以碎土块进行过滤处理，将较大的土块移走，根据使用者的不同身高可以将中端连杆分离，将连把直接和尾柱连接，降低铁锹高度，使铁锹可以适用不同身高的使用者，提高了铁锹的使用性能，工作结束之后可以通过双向套管将铁锹的连把和中端连杆分离，这样方便携带。

2. 镰刀

常用于割草或收获玉米、小麦、水稻等作物，使用方法以玉米为例：右手拿镰刀，一般镰刀都是为右手设计的，用力方便。收割时最好一趟同时割 4 到 6 垄，便于腾开地方放割倒的玉米秆。尽量避免单根割，通常左手抓 3 ～ 4 根，右手同时割，减少弯腰次数，如果手大可以多抓几根。另外左手尽量抓玉米穗子上面部分杆，一来上部秆细能多抓，二来好拖动摆放，如果你身高不高，不要勉强抓，一切以舒服为标准，因为时间长勉强操作会很累。如果你身高不够手不大，建议采用快刀斩乱麻形式，一次弯腰，不抓玉米秆，双手握镰刀，连续砍刀 20 多根，后期要二次整理参差不齐的玉米秆。镰刀割玉米部位不宜过高也不宜过低，要斜茬省力，刀避免茎节或根部。

3. 锄头：有两种，一种是长把，一种是短把，长把锄头把柄比较长，主要用于翻地整地。在山地地区，由于机械化作业不便，使用人力翻耕土地，常用长把锄头。长把锄头的使用技巧：

双手一手在前，一手在后，前手距离锄头的头部占整个把柄的三分之二的地方，后一只手距离长柄的尾部 20 cm 就可以了，不要攥到最低端，用起力来不舒服。前一只手和后一只手距离 40 ～ 50 cm 比较合适，用力自如，自己感觉也很舒服的。刨地的时候，先把锄头抬高，高过自己的头顶，这时，前一只手用力抬起来。后一只手自然摁一下锄柄的尾部。把高举的锄头用力向着自己要刨的地上猛的下去，前一只手用力下压，后一只手抬起锄把的尾部。两只手的力气要同时同步运行，连续刨地。短把锄头，用来蹲下刨地的，多用来挖野菜之类的，用一只手操作即可。

五、实验步骤

根据三种农用工具的使用技巧进行实地操作。

六、实验报告

撰写三种简易农用工具的使用技巧和用途。

实验五　微耕机的构造及使用

一、实验目的

掌握微耕机的使用方法及结构功能。

二、实验原理

微耕机是以柴油或汽油为动力源，通过离合器和皮带，将力矩传递给变速箱，再通过变速箱变速，将力矩传送给旋耕刀具，由旋耕刀具进行土壤切割的机械原理。

三、实验材料及用具

微耕机

四、实验内容

1. 微耕机的分类

（1）以配置动力分柴油微耕机和汽油微耕机；

（2）以耕作方式分前置式和后置式；

（3）以传动连接方式分直连式齿轮传动微耕机和皮带 / 齿轮传动微耕机；

（4）汽油发动机分垂直轴式和水平轴式。

2. 特点及用途

（1）特点　动力小（动力功率不大于 9 kW），具有质量轻、体积小、结构简单、操作方便、易于维修、工作稳定可靠，使用寿命长、油耗低、生产效率高、可爬坡越埂、阶梯性强等特点。

（2）用途　广泛用于平原、山区、丘陵的旱地、水田、菜地的深旋耕、浅旋耕、犁耕、开沟筑垄。配上相应的发动机可进行抽水、发电、喷药、收割、起垄、铺膜、扎孔、碎草、覆土培土、开深沟、施底肥还可进行短途运输。

3. 结构

由机架、传动系统、旋转刀轴、刀片、耕深调节装置、罩壳等组成。旋耕刀轴由无缝钢管制成，轴的两端含有轴头，与左右支臂相连。轴上焊有刀座或刀盘，刀座按螺旋线排列焊在刀轴上，供安装刀片，而刀盘周边有间距相等的孔位，便于根据农业技术要求安装刀片。机架是由中央齿轮箱、左右主梁、传动箱和侧板等组成。传动系统是柴油发动机动力输出轴传来的动力驱动刀轴回转的。此外还配有挡泥罩和平土板，用来防止泥土飞溅和进一步碎土，也可以保护耕作人员的安全，改善劳动条件。

4. 使用

（1）启动前的注意事项

①检查发动机润滑油及油面高度是否符合规定要求；

②检查发动机燃油及油面度是否符合规定要求；

③检查发动机油路是否有空气混入，如有可以按规定先清理油路内的空气；

④检查变速箱内润滑油及油面是否符合规定要求；

⑤检查各操作系统手柄是否灵活和有无不到位情况并予以排除；

⑥检查各连接螺栓有无松动现象并排除；

⑦将变速操纵杆置于空挡位置。

（2）启动

按照发动机的规定步骤启动发动机；

发动机应在低转速无负荷情况下空转 3 min；

发动机运转正常后才起步进行工作。

（3）停机

当需要发动机停机时，应先使发动机处于低速空转状态，必须离合器分离，用右手变速操纵杆推或拉到空档位置，机器则不再运行。

（4）配套机具的连接使用

①需要旋耕时，将旋耕装置安装在行走机构的驱动轴上，并用连接螺栓固定。旋耕深度可通过耕深调节杆来实现。

②当需要犁耕时，先将防滑配重铁轮安装在行走箱的驱动轴上，并用连接螺栓固定，然后将犁耕装置安装在牵引框上。犁耕的深浅可通过调节犁体上的调节螺栓来实现。

③进行短途运输作业时，先将胶轮安装在行走箱的驱动轴上，并用连接螺栓固定，然后把拖车牵引柱安装在牵引框上并用销轴连接好。

④当用微耕机进行发电、抽水、喷雾等作业需要动力输出的情况下，可将变速箱后端面上的塑料保护盖卸下，将动力输出轮安装在主动轴后端，用三角皮带将固定好的机具和动力输出轮接好，调整合适的松紧度，将变速操纵杆至于中间空挡位置，并使离合器处于接合位置，同时适量加大油门，即可开始工作。

（5）使用中的注意事项

①不可在冷启动后，立即进行大负荷工作。

②新机器或大修后的机器应先在低速小负荷状态下磨合运转 8 h 后更换变速箱以及行走箱内机油后才能使用。

③避免长时间超负荷工作，在试车磨合期间更要避免超负荷工作。

④注意机器及各部件工作情况及声响，及时检查各连接处是否有松动现象，如有发动机异常现象应立即停机检查，排除故障。

⑤注意检查发动机、变速箱润滑油，不足时应立即补充符合要求的润滑油。

⑥禁止浇水的方法来冷却发动机。

⑦经常清除微耕机及附件三的泥垢、杂草、油污而影响散热。

（6）总结汽油皮带传送机

优点：质量轻、易方便转运，制造成本低，可以减小对传送带传递时对发动机的冲击力。

缺点：油耗高，动力本身稳定性差，采用皮带张弛离合，皮带抑制反折紧张，皮带持续发热，容易产生老化断裂，作业中易熄火或发动机输出的转速下降快等现象。

（7）微耕机的维护与保养

①日常技术保养　清除机器外部污垢，检查和排除漏油、漏气现象；检查变速箱和发动机油底壳、油箱等的油位是否符合规定，不足时添加；检查各操纵手柄是否灵活可靠，否则给以调整；检查各部位螺栓，螺母是否紧固，否则以调整；有关发动机的日常技术保养按发动机使用说明书的规定进行。

②定期技术保养　每隔 3 个月或累计工作 500 h 后需清洁变速箱及行走机构，更换机油，并检查各操纵系统；每隔 1 年或工作 1 000 h 后，除完成上述保养外，还需要检查所有齿轮，轴承和离合器摩擦片，必要时更换新件；每隔 2 年或工作 2 000 h 后，需要拆开全部零部件并清洗干净，检查全部零部件的技术状况和磨损情况，必要时进

行修理或更换新件。待整机装好后，必须经过磨合和试运转后，才能投入正常使用。

③微耕机长期存放的保养　按发动机使用说明书的规定，封存发动机；清理变速箱内机油和赃物，注入新机油；将整机表面清洗干净；将机器存放在室内通风、干燥、无腐蚀性气体的安全地方。

（8）微耕机的维护与保养中应注意的问题

①新机磨合不到位　磨合必须从小油门低转速、低挡位、低负荷开始，逐步加大到高转速、高挡位、大负荷，其目的是在良好的技术条件和润滑条件下，通过缓慢的增加符合，逐步磨去零件配合表面的不平部分，为机器的正常使用和延长寿命打下良好的基础。

②保养不到位　由于微耕机工作的环境较恶劣，保养就显得尤为重要。微耕机在工作中，由于零部件相互摩擦震动，油、泥、水的侵袭，不可避免的要造成零部件的磨损，连接松动，腐蚀老化。从而使微耕机技术状态变坏，功率下降，油耗增加，磨损加快，故障不断出现。为了防止上述情况的发生，就必须严格执行“防重于治，养重于修”的维修保养制度。保养必须严格按照保养的周期和内容来进行。

③保养错误　错误的保养方法：用水给风冷机降温，有些机手看到风冷机温度较高，担心损坏机器，用浇水的方法帮忙降温，其实这是很不妥的，因为用水骤然降温，缸套突然收缩，容易拉缸、断坏，甚至导致缸套破裂；燃油和润滑油的质量差。燃油质量差，不仅使机器动力不够，而且加速了油泵和芯套的磨损，润滑油的好坏，直接影响机器的启动性能和使用寿命，所以一定要选择质量好的燃油和润滑油；发动机偏盖垫使用密封胶不当，偏盖垫使用密封胶后，多余的胶容易进入齿轮箱，由于长时间的工作和机油泵的吸力，密封胶很容易堵塞机油进油孔，使曲轴和连杆得不到有效的润滑；燃油箱盖漏油用薄膜纸封死，封死油箱以后，长时间工作就在油箱内产生负压，导致进油不足，使机器在工作时冒黑烟，动力不足；柴油雾化不良，只换油嘴。柴油雾化问题除油嘴问题外，多是高压油泵磨损，压力小，油量少造成；乱紧机体上的螺丝，微耕机多配备的是铝合金箱体的发动机，铝合金的硬度显然不及球墨铸铁，因此机体上所有的螺丝必须按照规定扭距用力，特别是缸盖螺丝，尽量不要在热机时拧螺丝；乱拆风冷机的导风罩和挡风板。有的机手不知导风罩和挡风板的作用，以为是挡泥土的东西，可要可不要，任意拆卸，致使风扇的风无法集中，失去了降温的效果。

（9）正确的操作方法

不长时间超负荷作业，微耕机在水田和较硬的田块作业时，发现机器冒黑烟，就要及时减挡；发现异响要及时停机检修，排除故障后才能重新启动；各种间隙要勤调整；严格按照说明书的要求启动；转向时要抬扶手，以免折断助力耕刀；不长时间翘头工作，因为这样容易使发动机润滑不良。

五、实验步骤

1. 使用前按要求检查微耕机。
2. 按要求进行微耕机启动。
3. 使用完毕后按规定进行停机。

六、实验报告

总结微耕机的使用要点。

第二部分

实验六　蔬菜种植地的翻耕与整地

一、实验目的

1. 掌握蔬菜种植地的土壤条件、耕作方法。

2. 根据各类蔬菜生长习性选择适宜的耕作措施。

二、实验原理

选择含有机质丰富地块进行蔬菜种植，翻耕土壤可以使土壤疏松，有利于根系更好地吸收矿质元素，增加土壤的通透性。将土壤翻耕暴晒，可以杀死部分病原菌，对土壤进行杀菌消毒作用。根据蔬菜本身对水分的需求结合当地气候雨水条件选择不同的作畦方式。

三、实验材料及用具

锄头、耙子、铁锹。

四、实验内容

1. 学会正确使用锄头进行种植地的翻耕。

2. 选择含矿质元素丰富的地块作为平畦栽培的种植地。

3. 掌握低畦、平畦、高畦、垄的整地要点。

五、实验步骤

1. 分组进行翻耕种植地，耕翻时期应根据气候条件、栽培制度和土壤情况确定耕翻时间和次数，北方单作区以秋耕为主，双作区可分为秋耕、春耕和夏耕三种，南方地区，全年均可种植蔬菜，一般是随收随耕，翻土深度应遵守“熟土在上，生土在下，不乱土层”的原则，土质不同耕层深度不同，土层厚的黏壤土可深耕，深翻土层，晾晒土壤，加入有机肥以改良土质，土层薄的沙壤土宜浅耕，以免翻出肥力较低的深层土，影响浅土层的肥力。深耕后效为 2 ～ 4 年，因此深耕频率应根据耕层土的有效利用率来确定，耕层深度还要根据所种植蔬菜根系分布的深浅而定，以地下部为产品器官的蔬菜：萝卜、胡萝卜、芋头、山药、马铃薯等需要深耕；以地上部为产品器官的蔬菜：白菜类、绿叶菜类可适当浅耕；有些蔬菜虽以地上部为产品器官，但株型较大且根系分布相对较深：茄果类、瓜类、豆类等，可适当深耕一些，翻土一般选择晴天上午进行，久旱不雨，土壤过干土面过硬，不宜翻动，此时可先将土浇透水，待水渗透到中层土后，再进行翻耕，大雨过后或连续阴雨天气，泥土黏黏不宜翻动土壤，会破坏土壤结构。翻耕后将耕层土块耙碎，使土面平整，土壤细碎，保持墒情，耙地太细，会减少土壤孔隙度，降低土壤透气性和水分流通，易出现土壤板结，影响植物根系生长；耙地土块不宜过大，会减少根系与土壤的接触面积，影响水分和养分吸收。翻土后晒一两周，可减少病原菌和杂草种子，但晾晒期间不宜下雨，反而会增长病原菌的滋生。

2. 耕翻后的土壤经过晾晒一两周后要进行作畦，作畦方式应根据地形、气候、土质、蔬菜种类而定，畦的方向我国属北半球，夏季以南北向为佳，有利于蔓生蔬菜通风透光，冬季以东西向为佳，减少冷风危害增加光照。不同种类蔬菜的生长习性不同而采用不同的类型的畦

（1）低畦　畦宽 1 m，长度视地形而定，畦面平整，畦埂坚硬顺直，干旱地区，宜采用低畦，有利于保水保肥，适宜生长耐涝性强的蔬菜，如蕹菜、芋头等。

（2）垄　垄距 70 cm，高 15 cm，垄间距离根据蔬菜种植的行距而定，要求垄直，垄背平。南方地区雨量大，宜采用垄栽，有利于排水，适宜生长抗旱性强的蔬菜，如番茄、茄子、辣椒等，需培土的蔬菜也可采用垄栽，如大葱、山药、芋头、马铃薯等，有利于地下部产量增加。垄栽有利于春季地温回升快，秋季排水，减少病虫害发生。

（3）高畦　畦底宽 100 cm，顶宽 70 cm，畦沟宽 30 cm。畦沟可用于排水和作业，有利于提高地温，加厚土层，排水方便，适宜株型较大的蔬菜，如白菜类蔬菜、茄果类、瓜类、豆类蔬菜等，畦面过宽易造成排水不畅和畦面干旱，畦面过窄，畦沟数增加使土地有效利用率降低，蔬菜的单产降低。

（4）平畦　畦宽 1m，长度视地形而定，按一定距离在地面上筑起平行的小畦埂，畦埂主要用于灌溉拦水，适宜北方地区绿叶菜、小型蔬菜和蔬菜育苗等，适宜排水良好、雨量均匀，可提高土地的有效利用率，但大水漫灌易出现土壤板结和病害传播。

3. 做畦后施入基肥，基肥的施用量要根据蔬菜的植株大小而定，基肥以有机肥为主，有机肥包括厩肥、植物残体、草木灰、菌渣等，混拌入适量的化肥，在确定基肥的种类和数量后，应注意化肥在基肥中的比重，化肥浓度过大易造成烧苗，其他种类的基肥，肥效慢，释放时间长，容易造成植物在生长期营养不足，需要后期追施速效肥来补充营养，基肥施用量应占总施肥量的 70% 以上，基肥的施用方式有撒施、沟施、穴施。

（1）撒施　将基肥均匀地撒施在地面上，结合整地使土壤和基肥充分混匀；

（2）沟施　栽培畦下开沟，将肥料均匀地撒在沟内，施肥集中；

（3）穴施　按株行距开好定植穴，将肥料施入穴内，能节约肥料，提高肥料利用率。

六、实验报告

比较低畦、平畦、高畦、垄的整地不同点。

实验七　蔬菜种子的播前处理及播种技术

一、实验目的

1. 了解蔬菜种子处理在生产上的意义，掌握常见蔬菜种子的处理方法。
2. 掌握主要播种方式及播种要点。

二、实验原理

种子的播前处理是通过浸种、催芽、机械处理、种子消毒等方式软化种皮，提高种皮的透水性、杀死种皮表面的病原菌、促进种子迅速整齐地萌发、出苗，消灭种子内外附着的病原菌，增强幼胚和秧苗的抗性。

三、实验材料及用具

材料：各类蔬菜种子。

用具：恒温箱、水浴锅、烧杯、玻璃棒。

四、实验内容

1. 种子消毒

（1）高温灭菌

用 55℃以上的热水进行烫种，杀死种子表面和内部的病菌。或将干燥的种子置于 60 ～ 80℃的高温下处理几小时至几天，以杀死种子内外的病原菌和病毒。

（2）药液浸种

不同的病害预防，可用不同的药剂进行消毒处理，预防细菌性病害可用农用链霉素、福尔马林等药剂；预防真菌性病害可以用福美双、高锰酸钾、多菌灵、抑菌灵、硫酸铜等；预防病毒病病害可以用高锰酸钾、磷酸三钠等。具体做法：把浸泡好的种子捞起再浸入 1% 的硫酸铜或 0.1% 的高锰酸钾溶液中 5 min。另外，将预浸过的种子放入 10% 的磷酸三钠溶液 20 min，防止辣椒病毒病的发生，将预浸过的种子放入 0.1% 的农用链霉素溶液中 30 min，可防止疮痂病、青枯病的发生。用药剂浸过的种子，要用清水冲洗干净，才能催芽或播种药液浓度与浸种时间应严格掌握，浸泡后必须多次冲洗，无药液残留后才能催芽或播种。例如用100倍福尔马林（即40%甲醛）浸种15～20 min，然后捞出种子密闭熏蒸2～3 h，最后用清水冲洗；用2%氢氧化钠的水溶液浸种15 min，捞出洗净，有钝化番茄花叶病毒的效果。

（3）药剂拌种

一般药量为种子重量的0.2%～0.3%，药剂和种子均必须是干燥的，否则会引起药害和影响种子沾药的均匀度。另外采用种衣剂农药处理种子往往可获得更好的效果，如用种衣剂9号包被夏黄瓜种子，对防止播后烂种缺苗有较好防效。

（4）其它处理方法

a. 微量元素处理　播前用微量元素溶液浸泡种子，可使胚的细胞质发生内在变化，使之长成健壮、生命力强、产量较高的植株。可用0.02%的硼砂浸泡番茄、茄子、辣椒种子。

b. 激素处理　用150～200 mg/L赤霉素溶液浸种12～24 h，有助于打破休眠，促进发芽。

c. 机械处理　有些种子因种皮太厚，需要进行机械处理才能发芽，如苦瓜种子需要嗑开种喙，才能加快种子萌发。

2. 浸种处理

（1）浸种的类型　普通浸种、温汤浸种、热水烫种

（2）浸种方法

a. 普通浸种　用水温度同室温（20～25℃），浸泡过程中每5～8 h换水1次，比较简单方便，容易操作，十分安全，但无杀菌和促进种子吸水的作用，此方法适用于各种蔬菜种子，豆类种子种皮皱缩变胀，可捞出待播，其他种子浸后，捞出后将种子附着的水膜甩掉后进行催芽。

b. 温汤浸种　所用水温为55℃，用水量为种子量的5～6倍，保持恒温15 min，自然冷却水温降到30℃左右时停止搅拌，喜冷凉蔬菜为20～22℃，喜温蔬菜为25～28℃，继续浸种至种子吸胀，茄果类、冬瓜、甜瓜、丝瓜、南瓜为8～12 h，西瓜、苦瓜、芹菜、胡萝卜、菠菜24 h，莴苣7～8 h，白菜类、萝卜4～5 h，豆类1～2 h，温汤浸种对种子具有消毒作用，但吸水效果仍不明显，温汤浸种适用于种皮较薄、吸水快的种子。

c. 热水烫种　将种子投入到75～85℃的热水中，热水量不超过种子量的5倍，用两个容器来回倾倒搅动，动作要快，使热气散发并提供氧气，一直倾倒直至水温降到55℃，再改为不断搅拌，并保持这样的水温7～8 min，待水温降至30～40℃停止搅拌继续浸种，一般用于种皮硬、厚、难于吸水的种子如冬瓜、苦瓜等种子，种子

要充分干燥，因种子含水量越少越能忍受高温刺激。

3. 催芽

催芽就是将吸水膨胀的种子置于适宜温度条件下（喜温性蔬菜及耐热蔬菜25～30℃，耐寒及半耐寒性蔬菜20～25℃）促使种子较迅速而整齐一致萌发的措施。催芽是以浸种为基础，但浸种后也可以不催芽而直接播种。

一般多用瓦盆等非金属容器催芽，将浸好的种子用洁净的白布包起，架空放在干净的瓦盆里，盆上盖一层较厚的布以保温保湿；也可用1∶1的比例将种子与淘洗清洁的河砂混合装于盆中，以改善种子的保温、保湿及通气条件。装在布口袋内的种子也可以不放在瓦盆内而用其他的方法放置。总之，必须给种子发芽创造良好的温、湿、气条件。

催芽初期可使温度偏高以加速养分的转化和利用，出芽后逐渐降温防止胚根徒长进行“蹲芽”。为使种子发芽整齐，催芽4～5 h后至破嘴前要经常翻动种子，并用清水淘洗，可以散发呼吸热，排除二氧化碳，供给新鲜空气。无论是种子催芽前或催芽期间淘洗后均应将种子稍稍晾干，除去种子表面水膜，以利通气。同理，浸种或催芽的容器应绝对无油污以及其他影响种子发芽的有害物质。有加温温室、催芽室及电热温床设施设备条件的应充分利用进行催芽。但是在炎热夏季，有些耐寒性蔬菜如芹菜等催芽时仍需放到温度较低的地方。一般情况下，小粒种子有75%左右种子出芽即可终止催芽进行播种；大粒种子如瓜类种子可催芽长一点。如因某种原因不能及时播种，将催完芽的种子放在冷凉处抑制芽的生长。

五、实验步骤

1. 普通浸种

将菜豆种子用室温（25～30℃），浸种12 h，置于25～30℃恒温箱中催芽。

2. 温汤浸种

将一定数量的黄瓜种子（约100粒）置于烧杯中，如入55℃温水，水量为种量的5～6倍不停搅拌，并随时加温水，维持55℃水温10 min；随后冷却至室温浸泡4～5 h，而后捞出，稍晾；将种子铺有双层潮湿滤纸的培养皿中培养，置25～30℃恒温箱中催芽。

3. 热水烫种

取冬瓜种子100粒，置于茶缸内加85℃水，立即用烧杯来回倒换，动作要迅速，当水温降至55℃时，用玻璃棒不断搅拌，后续步骤同温水浸种。浸种后种子若不催芽，浸完种洗净后使水分稍蒸发至互不黏结时即可播种，或加入一些细沙、草木灰以助分散。另外，经过浸种的种子必须播在湿度适宜的土壤中，若播在干燥土壤中反而不如不浸种。

4. 机械处理

由于黑籽南瓜、苦瓜、西瓜等种子的种皮较厚，为提高发芽速度和整齐度，催芽前可先将种喙嗑开。

5. 催芽

在培养皿内铺双层滤纸，用清水浸湿。将吸足水的种子摆在培养皿中，每皿50粒，均匀分布，将培养皿盖好，吸足水的种子包于湿润的双层纱布包中，外面裹湿毛巾保湿。根据不同种子发芽对温度的需求催芽。对于茄子种子，可实行恒温催芽和变温催芽（每天给予28～30℃的高温和16～18℃的低温各12 h）的对比实验。催芽期间每天翻动种子，投洗纱布包，并记录种子发芽情况。

6. 测定发芽率

在规定的时间，将种子从培养皿中取出，查出发芽种子粒数，计算发芽率。

六、实验报告

对比三种处理的发芽情况。

计算种子的发芽率。

实验八　床土配制及蔬菜育苗技术

一、实验目的

了解园艺植物育苗营养土的组成成分、配制及床土消毒方法。

二、实验原理

园艺植物育苗期间，幼苗密度大，吸收养分多，加上幼苗根系细弱，吸收能力不强，若土壤中营养不足，将严重影响秧苗的生长发育。为此，常常对育苗用土进行人工配制。园艺植物对育苗营养土的要求是营养成分完全，具有氮、磷、钾、钙等主要元素及必要的微量元素；理化性质良好，兼具蓄肥、保水、透气三种性能，微酸性或中性，pH值以6.5～7为宜；无病菌虫卵，以防病虫危害。这样可以保证营养土质疏松，营养充足，幼苗根系发育良好；苗齐苗壮，移植时伤根少，定植后缓苗快。为了减少苗期病害，杀灭病原菌，常常要对育苗床土进行消毒。

三、实验材料及用具

园土、腐熟有机肥、无机肥、药剂、铁锹等。

四、实验内容

1. 营养土配制

园艺植物营养土的配制是将园土、腐熟有机肥及无机肥等按一定比例混匀制成适宜园艺植物幼苗生长发育的培养土。营养土配制原则上应因地制宜，就地取材。园艺植物营养土的成分包括肥沃的园土、腐叶土、充分腐熟的粪及其他农家肥、有机质堆肥、河泥、塘泥、炭化稻泥；草炭、稻壳等有机物，并加入适量化肥、农药等。

园土要选用肥沃、无病菌虫卵，最好是无种植过与所育秧苗同科植物的并充分熟化的菜园土，过筛备用。不可用生土，因其理化性质较差，且微生物群落不好。有机肥可选用充分腐熟的马粪、鸡粪、猪粪、秸秆等优质肥料，并打碎过筛。切忌用生粪、块粪，以免发生烧根。有机肥和园土按 4 ∶ 6 或 3 ∶ 7 的体积混匀，最好加施些过磷酸钙、硫酸钾、草木灰、磷酸氢二铵等无机肥，以保证营养土营养充足。

营养土还分为播种用营养土和分苗用营养土两类。播种用营养土应配制得疏松轻软一些，以利于幼苗发根及拔苗抖土。园土五六份、有机肥四五份，若土质较黏可掺入适量锯末、稻壳、炉灰渣或多掺些腐熟的马粪等。分苗用营养土其土质应有一定黏度，以防止囤苗、起苗时散坨。园土六七份、有机肥三四份，若土壤沙性大可掺入一些牛粪或黏土。

亦可将营养土做成土方或装入育苗盘、营养钵中使用。各地可根据当地情况以及园艺植物种类，适当调整营养土组成成分、配比，以保证育苗营养土质量。

2. 床土消毒

床土需用药剂、蒸汽和微波等方法进行消毒，以药剂消毒最常用；常用的药剂有福尔马林；多菌灵、五氯硝基苯、福美双、甲霜灵、代森锰锌等。用 0.5% 福尔马林喷洒床土，拌匀后堆置，用薄膜密封 5 ～ 7d，揭去薄膜待药味挥发后即可使用；50% 多菌灵粉剂每立方米床土用 50 g，或 70% 代森锰锌粉剂 40 g，拌匀后用薄膜覆盖 2 ～ 3 d，揭去薄膜待药味挥发后即可使用；也可用 70% 五氯硝基苯粉剂和 70% 代森锰锌等量混合，每立方米床土用药 60 ～ 80 g 混匀消毒；也可用五氯硝基苯与代森锌合剂或氯化苦及甲醛等药剂进行床土消毒。

3. 苗床播种的技术环节

苗床播种主要包括做床、浇底水、播种、盖土和覆膜。播种方法主要有撒播、条播和点播三种方法。瓜类蔬菜以点播较多。

（1）做床

在温室里打畦，畦 1.0 ～ 1.5 m 宽，装入配制好的床土 10 cm 厚。床土应充分暴晒，提高土温，防止苗期病害。播种前耧平，稍加镇压，再用刮板刮平。

（2）底水

床面整平后浇底水，一定要浇透，以湿透床土 10 cm 为宜。浇足底水的目的是保证出苗前不缺水，不浇水，否则会影响正常出苗。底水过少易“吊干芽子”。在浇水过程中如果发现床面有不平处，应当用预备床土填平。浇完水后在床面上撒一层床土或药土。

（3）播种

茄子、辣椒、番茄、甘蓝、黄瓜等瓜类蔬菜等通常都是催芽后播种。番茄、茄子、辣椒、甘蓝、花椰菜、白菜、洋葱等小粒种子的蔬菜多采取撒播，洋葱等有时条播，瓜类常采用点播。为了使撒播种子在苗床上分布均匀，播种前向催芽种子种掺些河沙，使种子松散。条播种子前，注意开沟不能过深，防止由于覆土过厚导致出苗困难。开平底宽沟，能增加播幅，出苗快慢较一致。瓜类等蔬菜的点播，在浇底水后按方形营养面积纵横画线，把种子点播到纵横线的各个交杈点上。播种时要把种子平放于畦面上，千万不要立播种子，防止出苗“戴帽”。

（4）盖土

播种后多用床土覆盖种子，而且要立即覆盖，防止晒干芽子或底水过多蒸发。盖土厚度依不同蔬菜种子大小而不同，一般为种子厚度的 3 ～ 5 倍。如果盖土过薄，床土易干，种皮易粘连，易出苗“戴帽”。盖土过厚，出苗延迟甚至造成种子窒息死亡。若盖药土，宜先撒药土，后盖床土。

（5）覆膜

盖土后应当立即用地膜覆盖床面，保温保湿，拱土时及时撤掉薄膜，防止菜苗徒长和阳光灼苗。

4. 温度管理

苗期温度管理的重点是掌握好“三高三低”，即“白天高，夜间低；晴天高，阴天低；出苗前、移苗后高，出苗后、移苗前和定植前低”。各阶段的具体管理要点如下。

（1）播种至第一片真叶展出。出苗前温度宜高，果菜类应保持 25 ～ 30℃，叶菜类 20℃左右。当 70% 以上幼苗出土后，撤除薄膜，适当降温，把白天和夜间的温度分别降低 3 ～ 5℃，防止幼苗的下胚轴旺长，形成高脚苗。

（2）第一片真叶展出至分苗。第一片真叶展出后，白天应保持适温，夜间则降低温度，使昼夜温差达到 10℃以上，以提高果菜的花芽质量，增强抗寒性和抗病性。分苗前 1 周降低温度，对幼苗进行短时间的低温锻炼。

（3）分苗至定植。分苗后几天里应提高苗床温度，促早缓苗，适宜温度是白天 25 ～ 30℃，夜间 15 ～ 18℃；叶菜类白天 20 ～ 22℃，夜间 12 ～ 15℃。定植前 7 ～ 10 d，应逐渐降低温度，进行炼苗。果菜类白天降到 15 ～ 20℃，夜间 5 ～ 10℃；果菜类白天降到 15 ～ 20℃，夜间 5 ～ 10℃；叶菜类白天 10 ～ 15℃，夜间 1 ～ 5℃。

5. 湿度管理

（1）播种至分苗　播种前浇足底水后，到分苗前一般不再浇水。当大部分幼苗出土时，将苗床均匀撒盖一层育苗土，保温并防止子叶“戴帽”出土，形成“戴帽”苗。齐苗时，再撒盖一次育苗土，此期如果苗床缺水，可在晴天中午前后喷小水，并在叶面无水珠时撒土，压湿保墒。

（2）分苗　分苗前 1 d 浇水，以利起苗。栽苗时要注意浇足稳苗水，缓苗后再浇透水，促进新根生长。

（3）分苗至定植　此期适宜的土壤湿度以地面见干见湿为宜。对于秧苗生长迅速、根系比较发达、吸水能力强的蔬菜，如番茄、甘蓝等为防其徒长，应严格控制浇水。对秧苗生长比较缓慢、育苗期间需要保持较高温度和湿度的蔬菜，如茄子、辣椒等，水分控制不宜过严。

床面湿度过大时，可采取以下措施降低湿度，一是加强通风，促进地面水分蒸发；二是向畦面撒盖干土，用干土吸收地面多余的水分；三是勤松土。

6. 光照管理

低温期改善光照条件可采用以下措施：

（1）经常保持采光面清洁。保持采光面清洁，可保持较高的透光率。

（2）做好草苫的揭盖工作。在满足保温需要的前提下，尽可能地早揭、晚盖草苫，延长苗床内的光照时间。

（3）搞好间苗和分苗。秧苗密集时，互相遮阴，会造成秧苗徒长，应及时进行间苗或分苗，以增加营养面积，改善光照条件。

（4）分苗。一般分苗 1 次。早春气温低时，应采用暗水法分苗，即先按行距开沟、浇水，并边浇水边按株距摆苗，水渗下后覆土封沟。高温期应采用明水法分苗，即先栽苗，全床栽完后浇水。

7. 育苗时常见问题及原因

（1）烂种或出苗不齐。烂种一方面与种子质量有关，种子未成熟、贮藏过程中霉变、浸种时烫伤等均可造成烂种；另一方面播种后低温高湿，施用腐熟的有机肥，种子出土时间长，长期处于缺氧条件下也易发生烂种。出苗不齐是由于种子质量差、底水不均、覆土薄厚不均、床温不均、有机肥未腐熟、化肥施用过量等原因造成的。

（2）“戴帽”出土。土温过低、覆土太薄或太干，使种皮受压不够或种皮干燥发硬不易脱落。另外，瓜类种子直播种，也易“戴帽”出土。为防止“戴帽”出土，播种时应均匀覆土，保证播种后有适宜的土温。幼苗刚出土时，如床土过干，可喷少量水保持床土湿润，发现有覆土太薄的地方，可补撒一层湿润细土。发现“戴帽”出土者，可先喷水使种皮变软，再人工脱去种皮。

（3）徒长苗。徒长苗茎细长，叶薄色淡，须根少而细弱，抗逆性较差，定植后缓苗慢，不易获得早熟高产。幼苗徒长是光照不足、夜间过高、水分和氮肥过多等原因造成的，可通过增加光照、保持适当的昼夜温差、适度给水、适量播种、及时分苗等管理措施来防止。

（4）老化苗。又称“小老苗”。老化苗茎细弱、发硬，叶小发黑，根少色暗。老化苗定植后发棵缓慢，开花结果迟，结果期短，易早衰。老化苗是苗床长期水分不足或温度过低或激素处理不当等原因造成的，育苗时应注意防止长时间温度过低、过度缺水和不按要求使用激素。

五、实验步骤

1. 床土配制

园土五六份、有机肥四五份体积比进行配制，混匀后待用。

2. 床土消毒

用 0.5% 福尔马林喷洒床土，拌匀后堆置，用薄膜密封 5 ～ 7 d，揭去薄膜待药味挥发后即可使用。

六、实验报告

按照操作程序，学会营养土的配制方法及床土消毒方法。

试比较育苗营养土和常规田园土，消毒前后营养土幼苗生长的差异及原因。

实验九　蔬菜扦插育苗技术

一、实验目的

利用植物细胞的再生性，学习并掌握蔬菜扦插育苗技术，为蔬菜快速繁殖和提高成活率提供保障。

二、实验原理

扦插育苗是利用某些蔬菜的一定部位容易产生不定根的特点，取这些部位，用植物生长调节剂处理，并在适宜的环境条件下培养，促使其发根抽芽，形成新的幼苗的育苗方法。蔬菜扦插育苗可增加蔬菜的繁殖系数，加速育种的过程，并能保持品种的纯度；扦插育苗较播种育苗节省种子，育苗时间短，管理方便，成本低并可进行立体育苗，节省空间，在生产上具有较大的推广价值。凡易于产生不定根的蔬菜均可进行扦插育苗，可进行扦插育苗的蔬菜主要有番茄、无籽西瓜、茄子、辣椒、黄瓜，白菜豆瓣菜、人参菜等。目前常用的是番茄和无籽西瓜，番茄扦育苗技术简单、容易掌握。无籽西瓜扦插育苗可节省大量种籽，是解决封锁籽西瓜制种困难、产种量低、不易大面积推广的有效措施。扦插育苗必须选择蔬菜植株上适宜的扦插部位和扦插方法，以适当的生长调节剂处理，插后进行合理的温度、湿度的管理，才能使扦插成功。

三、实验材料及用具

蔬菜扦插材料若干、沙土。

四、实验内容

1. 扦插季节的选择

春季宜早，在叶芽萌动以前，进行插条，北方冬季结冻地区当土壤解冻后立即插条。北方春插成活率比秋插高。冬季风沙害较严重的地区，春季插条较好。夏季扦插关键是提高空气的相对湿度，减少插穗叶面蒸腾强度，提高离体枝叶的存活率。其他3季扦插关键是采取措施提高地温。秋插可在土壤结冻前随采随插，不需贮藏枝条或插穗。但在北方寒冷地区，秋插的插穗易遭冻害。在干旱地区第一芽容易干死，故一般不在秋季插条。

2. 扦插材料的选择

选择扦插材料必须是植株上易生不定根的部位，如番茄、无籽西瓜、黄瓜、茄子等扦插时，一般取侧枝上的生长部位，部位不同，茎组织的老嫩程度和营养物质的含量不同，水插后发根的速度和数量也不相同，一般枝条顶端水插后发根多，移栽后生长快，开花结果多。因此水插育苗的插条，以选择整枝时粗壮的侧枝为好，每株番茄可取7～8个插枝。插条的长度以8～12 cm为宜，插条切口要平滑，并在室内自然干燥愈合后再进行扦插，以减少水插过程中的腐烂，并增加发根数和根长度。白菜、甘蓝扦插，多采用叶插繁殖，取叶球中层或内层叶片取一段中肋，带有一个腋芽及一小块茎的组织。

3. 生长调节剂处理

植物生长调节剂处理应用植物生长调节剂如吲哚乙酸、吲哚丙酸、吲哚丁酸、萘乙酸或2，4—D，均能促进扦插材料生根，提高成活率。不同的扦插材料对不同生长调节剂敏感度不同，故不同材料应选用不同种类、不同浓度的植物生长调节剂处理。

4. 扦插方法

扦插方法常用的方法有水扦插法和基质扦插法2种。番茄、茄子、辣椒扦插育苗多用扦插法，而多数蔬菜可用基质扦插法。作为扦插用的基质，要求质地疏松、通气性和保水性较好，不易造成扦插材料腐烂。常用的基质有蛭石、珍珠岩、砻糠或砂与菜园土1 ∶ 1混合。可用育苗盘（箱）或育苗床铺放培养基质，扦插前用100倍福尔马林喷洒消毒，然后扦插。水扦插法操作简便，但不如基质扦插法插后易管理。

5. 扦插深度

不同蔬菜在不同环境条件下，扦插深度不同。过深，地温低，氧气供应不足，不利于插穗生根；过浅，插穗水分不足，插穗容易干枯。落叶树种在一般条件或有盐碱的圃地，地上部要露出1个芽；在干旱地区和沙地苗圃，插穗上端与地面平，为防止水分蒸发，插穗上端可用土覆盖，将要发芽时，扒去覆土；常绿树种插入地下深度应为插穗长度的1/3~1/2。

6. 扦插后的管理

扦插后的管理扦插后发芽、生根的快慢及成活率的高低，一方面受扦插材料本身生长状态的影响，而更重要的是受扦插成活过程中的温度和湿度的影响。一般材料要求温度为20 ～ 25℃，喜温暖的蔬菜略高些，喜冷凉的蔬菜略低些。温度过高、过低（低于15℃）时，可在苗床上盖小拱棚，并在夜间加盖草苫；温度过高时，可用苇帘遮盖降温。相对湿度一般为85% ～ 95%。至于光照，在扦插后3d内可进行遮光，4 ～ 6 d中午前后遮阴，7 d后不必遮阴，特别是在幼芽开始生长时更需要见光。当幼苗形成了完整的根系，并达到适宜苗龄时，便可移栽到大田中。

五、实验步骤

1. 插穗选择

番茄植株的侧枝、甘蓝腋芽、从冬贮大白菜植株上切取每一叶柄的基部，使每一叶柄均有1个腋芽和一小块茎的组织、紫背天葵的茎上留一个腋芽、佛手瓜剪取种瓜繁育的幼苗茎蔓剪成2 ～ 3节一段，将下面的叶片去掉。

2. 插穗处理

将插穗放入100 mg/kg的萘乙酸或吲哚乙酸溶液中浸泡10 ～ 30 min取出，插入基质中。

3. 扦插后的管理

遮光保湿 5 ～ 7 d 即可恢复生长，湿度保持在 85% ～ 90%，10 d 左右生根可达 1 cm，将其见光培养，及时浇水施肥。

六、实验报告

插穗的选择原则。

扦插后的管理要点。

记录扦插蔬菜的整个生长过程。

第三部分

实验十　基肥施放技术

一、实验目的

肥料作为植物重要的养分来源，通过对植物合理施用来维持和提高土壤肥力，从而改善蔬菜的产量和品质。了解蔬菜的需肥时期、肥料种类和施用方式等。

二、实验原理

根据蔬菜的生理需求、生长发育阶段以及土壤肥力确定施肥的种类和用量。

三、实验材料及用具

腐熟的有机肥、化学肥料、铁锹、喷壶、水桶。

四、实验内容

1. 肥料的种类

目前，在生产上使用的肥料主要有两大类，（1）尿素、磷酸铵、氯化钾等的化学肥料；（2）以灰肥、粪肥、绿肥等为有机肥料。

2. 化肥

化肥：用化学方法合成或对矿产品加工、分解合成的肥料。

（1）特点

肥料成分含量高、体积小、便于运输和施用；

大多易溶于水、易被植物吸收和利用，是速效性肥料；

易潮解结块，引起养分的损失和施用不便；

含有除养分外的副成分，对土壤和作物可产生不良的负影响，过多使用会导致环境污染。

（2）酸碱性

化肥的酸碱性分为化学酸碱性和生理酸碱性。

①化肥的化学酸碱性是肥料溶于水中所呈现的酸碱性，根据酸碱性可分为化学酸性肥料、化学碱性肥料和化学中性肥料。

②化肥的酸碱度与施肥的关系

根据土壤酸碱性以及作物对酸碱的敏感性及水浇条件，选用合适的化肥种类，合理施用，以提高肥效。碱性土壤应选用酸性或生理酸性肥料，如硫酸铵、氯化铵、过磷酸钙等；酸性土壤应选用碱性或生理碱性肥料，如钙镁磷肥、磷矿粉。通过肥料的酸碱性去中和、调节土壤的酸碱性，使其逐渐向中性方向转化，以提高肥料养分的可溶性、可给性和有效性，是改良土壤的重要措施之一。

3. 复混（合）肥料

复合肥料：是化学肥料成分中含有氮、磷、钾重要元素或其中任何两种养分的肥料。

分为复合肥料和混合肥料。

（1）复合肥料

通过化学方法使肥料中的两种或几种营养成分之间发生化学作用，形成一种新的化合物。按养分数量和功能可分为二元复合肥、三元复混肥、多元复混肥、多功能复混肥。

优点：

①养分种类多、含量高，同时供应作物需要的多种养分，充分发挥营养元素之间相互促进作用，提高施肥的增产效果。

②副成分少，物理性状好。

缺点：

①养分比例固定，难以适应各地土壤、作物的需要，往往需要配合单质肥料施用。

②复合肥料中的各种养分施在同一时期、同样深度不一定适合作物的生长需要。

（2）混合肥料

优点：

（1）可以根据不同地区、不同土壤气候、不同作物，选择适宜的肥料品种，按适宜比例来配制，因而能更好发挥各种肥料的增产作用。

（2）可以有效改善肥料的物理性状，方便施用。

（3）一次施用几种成分的肥料，简化了施肥作业。

4. 有机肥料

有机肥料农村利用各种有机物质，就地积制或直接耕埋施用的一类自然肥料，称为有机肥料。

分为粪尿肥，包括人畜粪尿及厩肥、禽粪以及蚕沙等；堆肥、沤肥、秸秆还田以及沼气肥料；绿肥，栽培绿肥和野生绿肥；杂肥，泥炭及腐殖酸类肥料、泥土类肥料。

（1）优点

①含有丰富的有机质和各种养分，不仅可为作物直接利用而且可以活化土壤中潜

在养分，增强微生物活性，促进物质转化。

②能改善土壤的理化性质、提高土壤肥力，防止土壤污染。

③充分利用有机肥，既可以减少化肥投入，保护农村环境，又能培养肥土，稳产高产，增产增收。

（2）缺点

①养分含量低，肥效缓慢，肥料中的养分当季利用率低等。

②有机肥料施肥数量大，运输和施用耗费劳力多。

③在作物生长旺盛，需肥较多的时期，有机肥往往不能及时满足作物对养分的需求。

5. 菌肥

菌肥又叫微生物的肥料，系用科学的方法从土壤中分离、选育有益微生物，经过培养、繁殖、制成菌剂，将这菌剂应用于农业，使作物增产。分为根瘤菌肥、固氮菌肥、磷细菌肥、生物钾肥、抗生菌肥

（1）作用

通过有益微生物生命活动，拮抗有害微生物，促进土壤中养分的转化，提高土壤养分的有效性，改善作物营养条件，增加土壤肥力。

（2）施用方法

①施用菌肥要注意田间实际状况。对含硫高的土壤和锈水田，不宜施用生物菌肥，因为硫能杀死生物菌，对翻浆水田采用喷雾的方法效果更明显。

②注意棚温、地温和水温。施用菌肥的最佳温度为 25 ～ 37℃，高于 45℃施用效果较差，对高温、低温、干旱条件下的农作物田块不宜施用，同时还应掌握固氮菌最适温度，土壤含水量是 60%～ 70% 左右。

③不能和其他农药混用，防止活菌致死，注意千万不要与杀虫除草剂和含硫化肥混用。

6. 化肥和有机肥的混合施用好处

（1）可以提高肥效，许多化肥与有机肥混合后，化肥可以被有机肥保蓄，减少流失。

（2）可以减少化肥可能产生的某些不利副作用，在单独施用或化肥施用不均匀时，土壤溶液浓度高，影响作物吸水，因此要混施。

五、实验步骤

1. 有机肥

根据来源特性、肥料类型分类：

粪尿类：人粪尿、家畜粪尿、禽类、海鸟类、蚕沙等。

堆沤肥类：堆肥、沤肥、和秸杆直接还田利用等。

饼肥类：包括各种饼肥和糟渣肥等。

海肥类：动物性海肥、植物性海肥、矿物性海肥。

绿肥类：冬、夏、水生、多年生、

草炭类：草炭、褐煤、腐殖酸肥料。

杂肥类：熏土、炕土、硝土、垃圾、烟筒灰、泥肥、草木灰、屠宰场废弃物等。

三废类：生活污水、工业污水、肥水、工业废渣等。

根据有机肥料在堆制过程中能否产生高温分类：

热性肥料：纤维素含量高，疏松多孔，水分易蒸发，含水少，同时，粪中含有纤维细菌很多，能促进纤维素分解，在堆放过程中能产生高于50℃以上的高温，这一类肥料统称为热性肥料。如马粪、羊粪、纯猪粪、蚕粪、禽粪、秸秆堆肥等。

冷性肥料：也叫凉性肥料。凡是堆制过程中不能产生高温，温度低于50℃者，统称为冷性肥料。如土粪、各种泥土粪、牛粪、人粪尿（或粪稀）等。

所谓“热性”与“冷性”也是相对而言，纯猪粪为热性，如大量加土成为土粪。就是冷性肥料。

（1）人粪尿适用于一般作物，特别是叶菜类作物：白菜、甘蓝。禾谷类作物：水稻、小麦、玉米、纤维作物麻类等。忌氯作物不要施用过多。人粪尿适用于各种土壤，盐碱土注意。人粪尿可作基肥、追肥。人尿浸种等。

（2）家畜尿比家畜粪容易分解，如粪尿分别贮存，尿宜作追肥，而粪宜作基肥。但猪粪尿混合贮存，因C/N比较小，分解较快，可作追肥也可作基肥。羊粪、马粪属热性肥料，易引起烧苗，宜先腐熟或制成厩肥后施用。家禽粪尿施用后，供给并保存了养分，提高土壤肥力，改造土壤构造，改善土壤热量状况。

（3）厩肥的施用条件和效果

土壤状况：质地黏、选用腐熟程度高的厩肥，翻的浅一些，质地轻，可选用腐熟程度轻的厩肥。对冷性田，阴坡地，可以施用热性肥料。

作物种类：生育期较长的作物，玉米、马铃薯、油菜、萝卜、麻、甘薯等，可施用半腐熟的厩肥，生育期短的作物，用熟读较高顶厩肥。水稻必须施用腐熟的厩肥。

气候条件：降雨量较少的旱季，施用腐熟的厩肥，翻耕深些，温暖湿润的地区，雨季，施用半腐熟的厩肥，翻耕浅些。厩肥一般作基肥施用，全面撒施或集中施用，施用厩肥还必须与化肥配合施用，不仅可收到养分供给缓急相济。互保肥效之利，而且还有逐步提高土壤肥力之益。厩肥为完全肥料，施用后供给并保存养分，也提高土壤中难溶性磷的溶解，减少化学磷肥固定。提高土壤肥力，改善土壤物理、化学和生物活性，降低土壤容重，改善土壤耕性，促进团粒结构的形成，还能改善土壤热量状况，也可提高土壤缓冲性能。

（4）堆肥的施用与厩肥相似，一般用作基肥。砂质土或施用期高温多湿或作物生长期长宜用半腐熟的堆肥，施用堆肥不仅提供给作物多种养分，而且能大量增加土壤有机质，补充土壤大量的微生物类群，因而施用堆肥提高土壤肥力，N、P、K 养分增加，保水性提高，土壤容重减少，空隙度增加，透水性提高。

（5）沤肥一般用作基肥，每亩 80 担左右，亦可施用于旱地。

（6）沼气池肥沼液可以直接用于各种作物，特别是旱地作物的追肥，开沟 6 ～ 8 cm 深施或沟灌，而后覆土，沼液追肥的用量亩施肥 2 吨左右，沼渣可直接做基肥，不论是沼渣和沼液，增产效果较为明显。

（7）腐殖酸类肥料是以腐殖酸较多的泥炭、褐煤、风化煤等为主要原料加入一定量的氮、磷、钾和某些微量元素所制成的肥料。如腐殖酸钠、腐殖酸钾等，简称腐肥。腐铵及硝基腐铵：基肥、追肥均可，但宜早施。腐殖酸复合肥：宜做基肥、种肥以条施或穴施均可。

（8）饼肥是优质的有机肥料，养分完全，肥效持久，适于各类土壤和多种作物，尤其对瓜果、烟草、棉花等作物能显著提高产量并改善品质。饼肥可做基肥、追肥，作基肥只要将饼肥碾碎即可施用一般宜在播种前 2 ～ 3 周施入，不宜在播种时施用，因为宜产生高温和生成甲酸、乙酸、乳酸等有机酸，对种子发芽及幼苗生长均有不利的影响。饼肥用作追肥时，必须经过腐熟。

（9）泥肥是迟效性的，肥效稳而长，宜配合人畜粪尿绿肥等用作基肥，也可作改良砂质土的客土施用效果较好。

2. 氮肥

主要包括铵（氨）态氮肥和硝态氮肥，其中养分标明量为铵盐（氨）形态氮的单质氮肥称为铵（氨）态氮肥。如碳酸氢铵、硫酸铵、氯化铵、氨水、液氨等。它们的共同点包括易溶于水，作物能直接吸收利用，肥效快速；肥料中的铵离子解离后能与土壤胶体上的交换态阳离子交换而被吸附在胶粒上，在土壤中移动性不大，不易流失；在碱性环境中易分解释放出氨气，尤其是液态氮肥和不稳定的固态氮肥本身就易挥发，与碱性物质接触后挥发损失加剧；在通气条件良好的土壤中，铵（氨）态氮可进行硝化作用，转化为硝态氮，使化肥氮易遭流失和反硝化损失。

（1）碳酸氢铵简称碳铵，施入土壤后很快电离成铵离子和重碳酸根离子，铵离子很容易被土粒吸附，不易随水移动，因此只要碳铵能较完全地接触土壤，被土粒充分吸附，则施用后的挥发并不比其他氮肥明显的高。有些条件下，如在石灰性土壤上，深施后还可能比其他氮肥具有更好的作用效果。施用时应注意以下几个方面：一是掌握不离土、不离水的施肥原则。把碳铵深施覆土，使其不离开水土，这样有利于土粒对肥料铵的吸附保持，持久不断地对作物供肥。深施的方法包括作基肥铺底深施、全层深施、分层深施，也可作追肥沟施和穴施。其中结合耕耙作业将碳铵作基肥深施，较方便而省工，肥效较高而稳定，推广应用面积最大。

（2）硫酸铵肥料主要成分的分子式为 $(NH_4)_2SO_4$，简称硫铵，俗称肥田粉。硫铵是我国使用和生产最早的氮肥品种。硫铵与普通过磷酸钙肥料一样，是补充土壤硫素营养的重要物质来源。硫酸铵肥料施入土壤以后，很快地溶于土壤溶液并电离成铵离子和硫酸根离子。由于作物对营养元素吸收的选择性，吸收铵离子的数量多于硫酸根的数量，在土壤中残留较多的硫酸根离子，与氢离子（来自土壤或根表面铵的交换或吸收）结合，使土壤变酸。肥料中离子态养分经植物吸收利用后，其残留部分导致介质酸度提高的肥料称之为生理酸性肥料。硫酸铵肥料中的硫酸根在还原性较强的土壤上可通过生物化学过程还原为硫化氢，硫化氢可侵入作物根细胞，使根变黑，部分乃至全部丧失吸收功能。当土壤中有较多的亚铁离子存在时，由于亚铁离子可与硫化氢形成硫化亚铁沉淀，而作为硫化氢的解毒剂。当然，如果在根内输导组织中形成硫化亚铁沉淀则同样会阻碍作物根系的吸收。除还原性很强的土壤外，硫酸铵适用于在各种土壤和各类作物上施用。可作基肥、追肥、种肥。作基肥时，不论旱地或水田宜结合耕作进行深施，以利保肥和作物吸收利用，在旱地或雨水较少的地区，基肥效果更好。作追肥时，旱地可在作物根系附近开沟条施或穴施，干、湿施均可，施后覆土。硫酸铵较宜于作种肥，注意控制用量，以防止对种子萌发或幼苗生长产生不良影响。

（3）氯化铵主要成分的分子式为 NH_4Cl，简称氯铵。氯铵施入土壤后，遇水很快电离成铵离子和氯根，铵离子被土壤胶体吸附，氯根则与被交换出来的阳离子生成水溶性化合物。在酸性土壤中，氯根与被交换下来的氢离子结合生成盐酸，使土壤溶液酸性加强。在中性或石灰性土壤中，氯铵与土壤胶体作用的结果生成氯化钙。氯化钙易溶于水，在雨季及排水良好的地区可被淋洗流失，可能造成土壤胶体品质下降。而在干旱地区或排水不良的盐渍土壤中，氯化钙在土壤溶液中积累，造成溶液盐浓度增高，也不利于作物生长。氯铵在土壤中的硝化作用比硫铵慢，这是由于氯铵肥料中含有的大量氯根对硝化作用具有明显的抑制作用。这就使得氯铵中的铵态氮的硝化流失减少。氯铵不象硫铵那样在强还原性土壤上会还原生成有害物质，因而施用于水田的效果往往比硫铵更好、更安全。但由于其副成分氯根比硫酸根具有更高的活性，能与土壤中两价、三价阳离子形成可溶性物质，增加土壤中盐基离子的淋洗或积聚，长期施用或造成土壤板结，或造成更强盐渍化。因此在酸性土壤上施用应适当配施石灰，在盐渍土上应尽可能避免大量施用，氯铵不宜作种肥，以免影响种子发芽及幼苗生长。此外，诸如马铃薯、亚麻、烟草、甘薯、茶等作物为明显的“忌氯”作物。施用氯铵肥料能降低作物块根、块茎的淀粉含量，影响烟草的燃烧性与气味，降低亚麻、茶叶产品品质等。

（4）氨水是液体肥料，呈强碱性，并有强烈的腐蚀性，除挥发性强之外，还有渗漏问题。旱地施用氨水无论作基肥或是追肥都应开沟深施，并兑水稀释数倍，以免灼伤植物，水田淌灌，亦可在水稻插秧前结合旋耕犁耕将氨水施入田中。贮运过程中，应注意防挥发、防渗漏、防腐蚀。

（5）液氨又称液体氨，是将氨气压缩为液态直接作肥料施用。

（6）硝态氮肥与硝铵态氮肥，如硝酸铵、硝酸钙等。其共同点：易溶于水，速效，吸湿性强，易结块；硝酸根离子不能被土壤胶体吸附，在土壤溶液中易随水移动；在土壤中，硝酸根可经反硝化作用转化为游离的分子态氮（氮气）和多种氧化氮气体（NO、N_2O 等）而丧失肥效；多数硝态氮肥能助燃或本身就易燃易爆，在贮运过程中应注意安全。

①硝酸铵　硝铵肥料施入土壤后，很快溶解于土壤溶液中，并电离为移动性较小的铵离子和移动性很大的硝酸根离子。由于二者均能被作物较好地吸收利用，因此硝铵是一种在土壤中不残留任何成分的氮肥，属于生理中性肥料。由于硝酸根较大的移动性，除特殊情况外，一般不将硝铵作基肥和雨季追肥施用。硝酸铵作旱地追肥效果较好。硝酸铵适用于各类土壤和各种作物，但不宜于水田。

②硝酸钠　国外长期将硝酸钠施用于烟草、棉花等旱作物上，肥效较好。对一些喜钠作物，如甜菜、菠菜等肥效常高于其他氮肥。

③硝酸钙　硝酸钙在作物吸收过程中表现出较弱的碱性，但由于含有充足的钙离子并不致引起副作用，故适用于多种土壤和作物。含有 19% 的水溶性钙对蔬菜、果树、花生、烟草等作物尤其适宜。

（7）酰胺形态氮的氮肥称为酰胺态氮肥，如尿素可用作基肥和追肥。因其供应养分快、养分含量高、物理性状好，尤其适合于作追肥施用，有条件时，追肥同样要强调深施，至少要保证能以水带肥，以减少肥料损失数量。尿素以中性反应的分子态溶于水，水溶液离子强度较小，直接接触作物茎叶不易发生危害；尿素分子体积小，易透过细胞膜进入细胞，有利于作物吸收、运输；尿素进入叶内，引起细胞质壁分离的情况很少，即使发生，也容易恢复。由于尿素的这些特点，使其作为根外追肥特别合适。

3. 磷肥

按所含的磷酸盐溶解度不同可分为三种类型，难溶性磷肥、水溶性磷肥、弱酸溶性（构溶性）磷肥。

（1）难溶性磷肥

①磷矿粉、鸟粪磷矿粉和骨粉，只能溶于强酸中，肥效迟缓，肥效长，为迟效性磷肥。

磷矿粉的成分和性质

大多呈灰褐色，95% 以上是磷灰石矿物，主要是氟磷灰石极难溶于水。

磷矿粉的施用方法和后效

宜作基肥，不宜作追肥和种肥，以撒施深施为好，用量，每亩 50 ～ 100 kg。磷矿粉与酸性肥料或生理酸性肥效混施，可提高当季肥效，磷矿粉具有较长的后效。

②鸟粪磷矿粉和骨粉

鸟粪矿矿粉：在长期有海鸟群栖的海洋岛屿上有较厚的鸟粪堆积形成鸟粪石，开采磨细后称为鸟粪磷矿粉，1/2 以上的磷可被中性柠檬酸铵提取是一种优质磷肥，效果接近钙镁磷肥，施用方法与普通磷矿粉相似。

骨粉：系动物骨骼加工而成 58% ～ 62%，肥效缓慢，宜作基肥，可先与有机肥发酵后施用，骨粉在夏季施用肥效比冬季快。有生骨粉（22%）、蒸制骨粉（29%）、脱胶骨粉（33%）。

（2）水溶性磷肥

凡养分表明量主要属于水溶性磷酸一钙的磷肥称之，如过磷酸钙，重过磷酸钙，氧化过磷酸钙等，其中的磷易被植物吸收利用，肥效快，是速效性磷肥。

过磷酸钙成分、性质：又称磷酸石灰，简称普钙，主要成分为水溶性的磷酸一钙和难溶于水的硫酸钙，分别占肥料质量的 30% ～ 50%，40% 左右。灰白色粉末，呈酸性反应，具有一定的吸湿性和腐蚀性。

过磷酸钙的施用：过磷酸钙无论在何种土壤上都易发生磷的固定，移动性变小，因而合理施用的原则是减少其与土壤的接触面积，以减少土壤磷的吸附固定，增加作物根系的接触机会。

集中施用：可做基肥、种肥和追肥，均适当集中施用和深施，这样减少了肥料与土壤的接触面，从而可减少磷的固定，同时提高局部磷酸的浓度，造成施肥点和根表的浓度差，有利于磷向根表的扩散迁移和被跟吸收。穴肥、条施、蘸秧根等。

安化过磷酸钙：含磷化合物主要为磷酸一钙，磷酸二氢铵，硫酸铵和磷酸二钙等施用方法与普钙相似。

4. 钾肥

钾肥品种较多，如硫酸钾、氯化钾、硝酸钾、磷酸钾、窑灰钾肥、钾钙肥、钾镁肥、草木灰和有机钾肥等。

（1）硫酸钾　酸性土壤上施用硫酸钾则需要增施石灰，以中和酸性。硫酸钾可作基肥、追肥。由于钾在土壤中移动性较差，故宜用作基肥，并应注意施肥深度。硫酸钾适用于各种植物。对十字花科等需硫植物特别有利，但对于水稻，在还原性较强的土壤上，它不及氯化钾。硫酸钾价格较贵，一般情况下，除在忌氯作物上以外，应尽量选用氯化钾。

（2）氯化钾　可作基肥、追肥。因氯离子抑制种子发芽及幼苗生长，故不宜作种肥。对忌氯植物及盐碱地也不宜施用。氯化钾适用于麻类、棉花等纤维作物，可提高产量及品质。

（3）其他钾肥

①草木灰　植物残体燃烧后，所剩余的灰烬称为草木灰。长期以来，我国广大农村大多数以稻草、麦秸、玉米秆、棉花秆及树枝落叶作为燃料，所以草木灰在农业生产中是一项重要肥源。草木灰的成分极为复杂，含有植物体内各种灰分元素，如钾、钙、镁、硫、铁、硅以及各种元素，其中以钾、钙的数量最多，其次是磷，所以通常把它称为农家钾肥，但事实上它起着多种元素的营养作用。草木灰的成分差异很大，不同植物或同一植物，因年龄、组织、部位等不同，灰分含量亦不相同。一般来说木灰含钙、钾、磷较多，而草灰含硅较多，磷、钾、钙较少。木灰可作基肥、追肥，特别宜于作盖种肥。作基肥每亩用量 50 ～ 100 kg，作追肥每亩用量 50 kg 左右。追肥宜集中施用，可采用沟施或穴施，为了便于施用，施用前可与 2 ～ 3 倍细土拌和或喷洒少量水分使之湿润，然后施用。也可配制成 10% ～ 20% 的水浸提液，叶面喷洒，即可供给钾素和微量元素等营养，又能防止或减轻病虫的发生和危害。作水稻、蔬菜育苗的盖种肥，即能改善苗期营养，又可吸热增温，促苗早发，防止水稻烂秧。在盐碱地区生长的植物，燃成灰后，因草木灰中含有大量的钠和氯离子，故不宜作种肥施用，以免增加土壤盐分。

②窑灰钾肥　可作基肥施用，但不可作种肥，因它吸湿后发热，同时碱性强，容易烧种，也不宜用作蘸秧根。最适于在酸性土上和需钙较多的植物上施用。窑灰钾肥颗粒细小轻飘，在田间撒施时应拌适量细土，以免被风吹扬损失。作追肥时要防止沾在叶片上，以免灼伤叶片。

（4）钾肥的施用技术

钾肥应早施，因钾在植物体内移动性大，缺钾症状出现晚。若出现缺钾症状，再补施钾肥，为时已晚。另外，植物在生长的前期一般都强烈吸收钾，植物生长后期对钾的吸收显著减少，甚至成熟期部分钾从根系外溢，因此后期追施钾肥已无大的意义。所以应当掌握“重施基肥、轻施追肥、分层施用、看苗追肥”的原则。对保水保肥力差的土壤，钾肥应分次施用。基肥追肥兼施，比集中一次为好，但原则上仍然要强调早施。钾肥要深施、集中施，钾在土壤中移动性较小，钾离子在土壤中的扩散相当慢，因此根系吸收钾的多少，首先取决于根量及其与土壤的接触面积。所以钾肥应当集中施在植物根系多、吸收能力最强的土层中。追施一般应距植物 6 ～ 10 cm 远，深 10 cm 左右，以利根系吸收。这样也可减少因表土干湿变化较大引起的钾固定，提高钾肥的利用效率。

5. 微量元素肥：锌、硼、钼等

（1）锌在植物体内的含量约为 25 ～ 150 mg/kg，主要分布在植物的幼嫩部位，以离子态及蛋白复合体两种形态存在，它可由老叶向新叶运输。植物吸收锌的形态是 Zn+ 和螯合态锌。

（2）硼植物体内硼含量通常在 2 ～ 100 mg/kg，以 $B(OH)_3$ 形态被植物吸收，运输到植物各部位的硼几乎不再移动，难以再利用，当硼缺乏时首先表现在幼嫩组织。

（3）钼在植物体内的含量范围为 0.1 ～ 300 mg/kg，植物吸收钼的形态是 MoO_4^{2-}，在植物体内钼往往和蛋白质结合，形成金属蛋白质而存在酶中。

六、实验报告

列举常见的有机肥和化肥的性质和施用特点。

合理施肥的原则。

实验十一　设施二氧化碳施肥技术

一、实验目的

设施栽培增施二氧化碳技术是实现高产、优质的重要措施之一。增施二氧化碳有利于培育壮苗，促进植物生长发育，增加产量、改善品质，还可提高植物抗病能力。各种作物对二氧化碳的吸收有不同的补偿点、饱和点和最适浓度。C4 植物的二氧化碳补偿点接近 0，C3 植物的二氧化碳补偿点为 30 ～ 90 μL/L，多数蔬菜的饱和点为 1 000 ～ 2 000 μL/L，最适二氧化碳浓度一般为 600 ～ 800 μL/L。而空气中二氧化碳浓度一般为 300 μL/L 左右，明显低于作物所需最佳浓度，特别在设施内相对密闭的特殊环境内，二氧化碳浓度更低。日出后作物进行旺盛的光合作用，会使二氧化碳浓度急剧降低，造成二氧化碳亏缺，因此设施内增施二氧化碳，以保持适宜浓度，尤为重要。增加设施内二氧化碳浓度的方法很多，有通风换气法、土壤增施有机肥法、深施碳酸氢氨（或施固体二氧化碳颗粒肥）、生物生态法、燃烧碳氢燃料法、液态（钢瓶装）二氧化碳法、化学反应法等。其中化学反应法是目前设施内增加二氧化碳浓度的主要方式，下面将予以介绍。

二、实验原理

二氧化碳是绿色植物光合作用的主要原料，其浓度直接影响植物的光合速率，设施经常处于密闭状态，而设施内蔬菜作物密度高、吸收空气中二氧化碳的速度快、内部二氧化碳浓度变化较大，一般早、晚的二氧化碳浓度较高，设施内二氧化碳经常处于亏缺状态，严重影响蔬菜的光合作用和生长发育。因此增加设施内二氧化碳含量，增加二氧化碳浓度是设施栽培获得高产高效的必要措施。

三、实验材料及用具

1. 材料

黄瓜、茄子、番茄等果菜类生产温室或塑料大棚一栋。

2. 用具

二氧化碳气肥机 1 台、500 ml 烧杯、玻璃棒、15×20 的封口袋、大头针、天平、250 ml 量筒、毛巾、洗洁精。

四、实验内容

1. 设施栽培二氧化碳施肥效果取决于多种因素

（1）二氧化碳气源的选择　二氧化碳气体的来源是二氧化碳施肥的物质条件，必须满足以下基本要求：二氧化碳产生方法必须简单易行，适用于棚室栽培的条件；价格低廉，便于推广；气体必须达到一定纯度，并且不含有对植物和人有害的物质。

（2）二氧化碳的施用浓度　蔬菜施用二氧化碳的浓度一般应为 800 ～ 1000 μL/L，大棚与日光温室蔬菜由于栽培期内特别是前期的温度和光照条件不同，前期二氧化碳的浓度应采取 1 000 μL/L，而后期可选择 800 μL/L 为宜。人工增施二氧化碳最适浓度与蔬菜种类、品种和光照条件有关。一般瓜类二氧化碳的最适浓度为 1 000 ～ 1 300 μL/L，而其它蔬菜则为 600 ～ 800 μL/L。然而二氧化碳施肥时如果二氧化碳浓度过高也会造成叶片损伤。如西红柿叶缘和老叶的脉间出现透明斑点，部分或全部脱落死亡。黄瓜也有类似情况，先是叶绿素被破坏，接着老叶脱落死亡，对产量有一定的负面影响。因此在进行二氧化碳施肥时一定要控制好二氧化碳浓度，避免对植株造成伤害。另外，高浓度二氧化碳的伤害与持续的时间有关，如果仅仅是很短时间，危害就轻得多，甚至不产生危害。

（3）二氧化碳施肥的方法　通过碳酸氢铵与过量硫酸进行化学反应产生二氧化碳。气体输放管架在大棚上方，二氧化碳气体从管的两侧小孔释放出来，使气体自上而下地扩散开，有利于蔬菜功能叶吸收。

（4）二氧化碳施用时期　大棚蔬菜生产中培育壮苗是蔬菜早熟丰产的基础。因此，二氧化碳应在定植缓苗后即可使用，每天施用 2 ～ 3 小时，连续使用 35d。越早使用其经济效果越好。试验结果表明，蔬菜定植缓苗后施用二氧化碳其增产、增收效果虽不是最佳，但其劳动量比全生育期施用两次的要小，而且成本也低。

（5）二氧化碳施肥的时间　根据栽培设施内二氧化碳变化的规律，日出后随着光合作用的加强，二氧化碳浓度迅速降低，即使通风换气，棚内二氧化碳浓度也低于大气中二氧化碳浓度。然而蔬菜的午前同化量占全天同化量的 60% ～ 70%，因此在早晨日出半小时到 1 小时后向栽培设施内释放一定量的二氧化碳，可以改善光合作用的条件，达到增产、增收的目的

2. 设施内施放二氧化碳方法

（1）通风换气法　在设施内二氧化碳浓度低于大气中二氧化碳浓度时，强制通风或自然通风可迅速补充二氧化碳亏缺，使设施内二氧化碳浓度增加至与大气二氧化碳浓度相同，此法成本低、易操作，此法只能使二氧化碳浓度增加到 300 ppm 左右，达不到作物光合作用最适浓度，并且易受外界气温限制，冬季使用有一定困难，因此不能完全发挥二氧化碳增产增收效果。

（2）土壤施肥法　通过向土壤施用可产生二氧化碳的各种肥料，利用其分解释放出的二氧化碳持续不断地补充于设施内，供给植物生长发育的需要。但二氧化碳浓度不易调控，往往增加量不大而无法满足植物生长的需要。如果施用有机生物气肥，要将颗粒有机生物气肥按一定间距离均匀施入植株行间，施入深度达到 3 cm，保持土壤有一定水分，使其相对湿度在 80% 左右，利用土壤微生物发酵产生二氧化碳。该法无需二氧化碳发生装置、使用简便。

（3）生态法　通过实行蔬菜与食用菌培养间作，菌料发酵中可产生二氧化碳或发展种养一体的棚室蔬菜生产，利用动物产生的二氧化碳供给蔬菜生长，都是很好的生物二氧化碳供给法。

（4）化学反应法　利用酸与碳酸盐反应生成二氧化碳的方法，是目前设施内增施二氧化碳的主要方式。本法原料来源广泛，成本低廉，方法简便。所用多为硫酸和碳酸氢铵化肥，反应后可生成二氧化碳和硫酸铵肥料，不产生对植物有害物质。一般每亩每天施用碳酸氢铵 3 ～ 4 kg，加入硫酸 2.0 ～ 2.5 kg。这样可使设施内二氧化碳浓度达约 1 000 ppm 左右。二氧化碳施肥点分布：由于二氧化碳比空气中，扩散缓慢，应多设施肥点才能使二氧化碳分布均匀，每个施肥点控制面积以 20 m^2 左右为宜，每亩设置 30 ～ 40 个点，施肥点可挖 0.3×0.3×0.3 的小坑，为使二氧化碳分布均匀，内加硫酸和碳酸氢铵作为施放点，有利于二氧化碳扩散均匀和被植物吸收利用。施用方法：现多用简易发生装置，在桶内或地面的小坑内，可一次加入稀释后硫酸 0.7 ～ 1.0 kg（三日量），每天于揭苫后将碳酸氢铵日用量 100 g 分别加入到 30 ～ 40

个坑内，使酸和碳酸氢铵反应生成二氧化碳。

（5）二氧化碳发生器法　为简化二氧化碳施肥方法，目前生产上常用了简易塑料桶二氧化碳发生装置，其主要结构有贮酸罐、二氧化碳净化吸收桶与输气导管部分组成，通过控制硫酸供给量可有效控制二氧化碳生成量。

（6）燃烧法　通过燃烧煤或其他碳氢化合物等燃料产生二氧化碳。经过滤除去二氧化硫等有害气体，获得较纯净的二氧化碳，通过管道输入到设施内。方法简便等优点，但成本较高，同时产生有害气体，不常用。此外还可以沼气、丙烷、酒精等为燃料，燃烧产生二氧化碳，进行设施内二氧化碳施肥。

（7）液态二氧化碳法　纯净的二氧化碳，不含有害气体，使用时间、数量、浓度可自由调控，安全方便，但成本较高，适用于大型温室或高产值作物应用。

五、实验步骤

1. 稀释浓硫酸和水 =1 ： 4 的比例进行稀释，稀释时一定要将硫酸慢慢倒入水中，且边倒边搅拌。

2. 分装稀释后的硫酸于塑料桶中，或广口玻璃罐头瓶中。

3. 将盛有稀硫酸的容器吊挂在离地面 1.2 m 的高度，每 20 m^2 设一施放点。

4. 预先将每日所用碳酸氢氨等分，揭苫后 2 h 分别加入到盛稀硫酸的容器中，使硫酸和碳酸氢氨发生反应生成二氧化碳。

5. 二氧化碳施放前测一次原始浓度，以后每 0.5 h 用红外线二氧化碳分析仪测定环境中二氧化碳浓度及光合速率。

6. 施肥方法

（1）为减少工作量，可一次施入 3 ～ 5 d 稀硫酸的量

（2）除上述方法外，还可用小苏打加硫酸。

反应原理 $2NaHCO_3+H_2SO_4=Na_2SO_4+2CO_2+2H_2O$ 或用石灰石（$CaCO_3$）加盐酸 $CaCO_3+2HCl=CaCl_2+CO_2+2H_2O$ 使用盐酸时按 1 ： 1 对水稀释，随用随配，以免挥发，并将石灰石砸成碎块，放入盛有盐酸的容器中，反应剩余物要倒在棚室外部。

（3）实验应于晴天进行。施用时间要根据光合作用进行而定。在设施内一般光照强度达到 1 500 lx 时，植物开始光合作用，达到 5000 lx 时，光和强度增加，室内二氧化碳浓度下降，这时即为开始施用二氧化碳的时间。晴天一般在日出后 30 min，如果施入有机肥较多，可在日出后 1 h 施用二氧化碳。停止施用二氧化碳的时间依温度管理而定，一般应在换气前 30 min 停止施用。上午同化二氧化碳能力强，可多施或浓度大一些；下午同化能力弱，可少施或不施。

（4）施放次数受棚温的影响，超过 32℃停止施放，停放 0.5 h 后进行放风。

（5）蔬菜整个生育期尤以初期施用二氧化碳效果较好。苗期占地面积小，育苗集中，施用二氧化碳设施简单，施用后对培育壮苗、缩短苗龄等都有良好效果。可在定植 1 周后，植株已经缓苗时施用。对于黄瓜、番茄、茄子等果菜类蔬菜于雌花着生、开花期、结果初期施用，可促进果实肥大；若在开花结果前过多、过早施用二氧化碳，只能促使茎叶繁殖，对果实经济产量并无显著提高。

六、实验报告

分析二氧化碳化学反应能在设施蔬菜生产中的关键技术环节。

按表 1 逐项记载综合分析施用 CO_2 对果菜类生长发育的影响。

表 3–1 施用 CO_2 对蔬菜生长发育的影响

施用时间	二氧化碳浓度	棚室温度	空气湿度	光照强度	光合速率	株高	叶重	开花坐果率

实验十二 设施土壤消毒技术

一、实验目的

土壤是土传病虫害传播的主要媒介，也是其衍生繁殖的主要场所。近年来，设施农业生产面积不断增加，但由于多年重茬连作，土壤中各种病原菌和害虫逐年累积，导致土壤连作障碍，严重时作物甚至会绝收，成为困扰设施农业可持续发展的瓶颈，因此掌握设施土壤消毒的方法和技术要点是解决设施农业重茬连作障碍比较有效的措施，不仅可以解决高附加值作物的连年种植问题，还可以大幅提高作物产量和品质。

二、实验原理

温室大棚生产蔬菜占蔬菜产量的重要组成部分，随着设施蔬菜的常年种植，设施土壤病虫害、土壤板结等土壤问题日趋凸显，因此为更好的解决设施土壤中所出现的问题，需通过多种消毒措施来对土壤进行消毒，从而进一步缓解和控制土壤病原菌对蔬菜的危害，提高蔬菜的产量和品质。

三、实验材料及用具

消毒剂、高压灭菌锅。

四、实验内容

1. 物理消毒技术

物理消毒技术主要包括太阳能加热消毒技术、蒸汽消毒技术、热水消毒技术和电处理消毒技术等，基本特点是通过各种热源使土壤的温度升高到 50℃以上，达到消除土壤中绝大多数病虫害的目的。

（1）太阳能消毒技术　是在高温季节，对土壤覆盖塑料薄膜，通过温室效应吸收太阳能辐射热来提高土壤温度，以杀死土壤中病原菌在内的多种有害生物。具体方法是在夏季高温时节，用塑料薄膜覆盖土壤表面，关闭温室或塑料大棚 15 ～ 20 d，使土温升至 50 ～ 60℃，可杀死土壤病菌。太阳能消毒的效果受气候的影响较大，在一年中最热的季节里，太阳能处理 6 ～ 8 周对大多数土传病虫害均有防治效果，但温度较低时，需用 3 个月左右的时间，才能达到一定的防治效果。由于该方法操作简单、经济实用、避免药剂对土壤的污染，促进土壤中有机质的分解转化，提高土壤肥力和产品品质。

（2）蒸汽消毒技术　通过导管把高压蒸汽锅炉产生的高温蒸汽（80℃以上）送到覆盖有塑料薄膜的土壤中，使土壤温度升高，以达到消除土壤中病虫害的目的。蒸汽消毒具有以下优点。①消毒效率高、效果好。只需用高压蒸汽持续处理土壤，使土壤温度保持在 70℃，30 min 即可杀灭土壤中病原菌、害虫和杂草，冷却后即可栽种，这对提高土地利用率、减少土地休闲时间具有积极意义。②不施用任何化学药剂，无残留药害，保证农产品品质。对人畜安全，蒸汽消毒不会危害附近的居民和家畜，可以在居民区附近安全使用。③无有害生物的抗药性问题。当长期使用同一种化学药剂时，有害生物通常会产生抗药性，而蒸汽消毒则无此问题。蒸汽消毒技术的缺点是蒸汽不易到达土壤深层，对 20 cm 以下土层消毒不彻底。另外，蒸汽消毒需要昂贵的蒸汽发生器及其配套设施，成本较高，适合在一些现代化智能温室和小范围苗床中应用。总体来说，蒸汽消毒技术是一种较好的溴甲烷替代技术，在欧美已得到广泛应用。

（3）热水消毒技术　将普通常压热水锅炉产生的 80 ～ 95℃热水直接注入土壤深层，使土壤温度升高达到消毒的目的。为增加保温效果，在土壤表面覆盖薄膜，效果更佳。高温热水可渗透至 50 cm 以下，对 30 cm 以内的耕作层消毒效果尤为显著。由于水的热容量大于蒸汽，因此应用该技术使土壤保持高温的时间越长，深层土壤消毒效果越好。热水消毒方法最大的优势是不使用化学药剂和杀虫剂，对环境友好，避免了传统化学药剂消毒造成的环境污染。由于该消毒技术改变了土壤的理化性质，如脱盐和氮的矿化作用，可使作物的产量增加 30% 左右。高温热水土壤消毒机便于移动，操作简单，用途广泛，可用于土壤消毒、基质消毒，且不受季节制约，随时可以进行消毒作业。

（4）电处理消毒技术　是对埋设在土壤深处的电极板施加脉冲电流，使土壤及电极板发生一系列电化学反应和电击杀效应，达到土壤消毒的目的。该技术常用的料大棚 15 ～ 20 d，7 月气温达 35℃以上时，土壤温度升至 50 ～ 60℃，可杀死土壤中各种病菌。利用自然太阳能对土壤进行消毒，可减少不必要的能源消耗，减少化学药剂投入，提高农产品品质，同时还能促进土壤中有机质的分解转化，提高土壤肥力。此方法对环境安全有益，且对病虫害防治具有广谱性。

（5）微波消毒技术　微波是指频率在 300 Hz ～ 300 GHz 范围内的具有穿透性的电磁波，波长 1 mm ～ 1 m。当应用微波消毒时，土壤中微生物体内的水、蛋白质和核酸等由于微波的高频特性会剧烈振荡，相互摩擦产生热，使微生物体温度升高，体内的蛋白质和核酸等分子结构变性或失活，从而导致微生物体受到损害而死亡。由于微波消毒兼具有热效应和生物效应，因此其消毒效果优于常规热消毒。微波消毒具有不污染环境、消毒效率高和消毒效果好等优点，但操作相对复杂，需要专业技术人员操作，且设备造价及运行成本较高，不适合棚室使用。

（6）远红外线消毒技术　是以远红外线作为热源产生的高温进行灭菌消毒，即采用电热管产生的高温来对土壤基质进行灭菌消毒。远红外线作为一种磁波，它以辐射方式向外传播，易被微生物体如各种病菌吸收，且速度快、穿透力强和加热效率高，可在短时间内达到 120℃左右的高温，生物体吸收热能超过其承受极限就会丧失活性或死亡，从而达到灭菌消毒的目的。

2. 化学药剂消毒

化学药剂消毒是指利用各种化学药剂通过喷淋、浇灌、混土和熏蒸等方式对土壤进行消毒。氯化苦、1，3 －二氯丙烯、二甲基二硫、碘甲烷、1，3 －二氯丙烯和氯化苦混剂、碘甲烷、氯化苦混剂、异硫氰酸甲酯（MITC）产生物如棉隆和威百亩等。具有杀线虫、杀菌和除草的效果。

（1）氯化苦　作为熏蒸剂，主要用于粮食和土壤熏蒸。在土壤处理中能防治真菌、线虫等土传病害，氯化苦对姜、茄子、青椒等的土传病害均有明显防效，达到种植物增产、稳产和改善品质的目的。

（2）威百亩　是一种低毒、无残留和使用广泛的土壤熏蒸消毒剂，能够防治线虫、真菌、细菌和地下害虫等引起的各类病虫害。

（3）棉隆　是一种高效、低毒和无残留的环保型广谱性综合土壤熏蒸消毒剂。其施用于潮湿土壤中时，会产生异硫氰酸甲酯、甲醛和硫化氢等气体，迅速扩散至土壤团粒间，杀灭土壤中各种病原菌、线虫、害虫及杂草等，从而达到灭菌清洁土壤的效果。

3. 生物熏蒸技术

生物熏蒸是利用一些植物在其有机物质分解过程中释放出挥发性物质，抑制或杀死土壤中有害生物的一种土壤消毒方法。目前生物熏蒸材料研究最为深入的是含有硫代葡萄糖苷的十字花科、菊科植物，其中芸薹属植物中这种次生代谢产物含量较多。硫代葡萄糖苷本身化学性质稳定，没有生物活性，只有在植物组织损害被芥子酶水解后，才会产生一系列水解产物，包括唑烷硫、硫氰酸酯和不同结构的异硫氰酸酯等水解产物。异硫氰酸酯对病原真菌、线虫等都具有较好的抑制作用；含氮量高的有机物能产生氨杀死根结线虫。

五、实验步骤

1. 采用物理消毒技术

（1）在炎热的夏季，可采用高温闷棚法，用塑料薄膜覆盖土壤表面，关闭温室或塑料大棚 15 ～ 20 d，使土温升至 50 ～ 60℃，即可杀死土壤病菌。或采用高温蒸汽法，通过导管把高压蒸汽锅炉产生的高温蒸汽（80℃以上）送到覆盖有塑料薄膜的土壤中，使土壤温度升高，以达到消除土壤中病虫害的目的。

2. 采用化学消毒技术

（1）采用甲醛消毒法

用 40% 的甲醛 10 ml/m^3，置于耐腐蚀的容器内，先将温水倒入容器内，加入甲醛后立即离开密闭房间，消毒 20 ～ 30 min，消毒结束后立即打开门窗通风换气。

（2）用硫磺粉熏蒸

可 5 ～ 7 d 熏蒸一次，每次熏蒸 1 ～ 1.5 h，作为治疗性熏蒸时，在病害发生初期，可每隔 3 ～ 5 d 连续熏蒸两次，每次熏蒸 2 ～ 3 h，感病较重时，每天熏蒸 2 ～ 3 h，感病严重时，熏蒸时间可延长到每天 8 h，连续熏蒸不超过 3 天，然后恢复到 2 ～ 3 h 熏蒸时间，在室温 19 ～ 26℃，熏蒸量达 5 g/h，室温在 30℃时，熏蒸量达 12 g/h。同时要根据植株长势、感病状态、自然条件等不同情况，加强管理，合理控制熏蒸时间，并配合使用杀菌剂，以达到理想的防治效果，一般在晚上 18：00—20：00 开始熏蒸，熏蒸结束后，保持温室大棚密封 5 h 以上，再进行通风换气，以保持杀菌效果。

六、实验报告

按照操作程序，根据不同的消毒方法进行消毒并比较消毒效果。

分析引起消毒效果差异的原因。

第四部分

实验十三　地膜覆盖及小拱棚搭建技能训练

一、实验目的

了解地膜覆盖的几种方式，掌握地膜覆盖及小拱棚搭建的方法。

二、实验原理

地膜覆盖，是指以农用塑料薄膜覆盖地表的一种措施。具有减轻雨滴打击、防止冲刷与结皮形成的作用；可有效减少土壤水分的蒸发，天旱保墒、雨后提墒，促进作物对水分的吸收和生长发育，提高土壤水分的利用效率；能使土壤保持适宜的温度、湿度，使地温下降慢、持续时间长，利于肥料的腐熟和分解，提高土地肥力。地膜树盖成本低、使用方便、增产幅度大，是一项既能防止水土流失，又能提高作物产量的常用措施。

三、实验材料及用具

秧苗地块、地膜、竹片等。

四、实验内容

地膜覆盖的方式依当地自然条件、作物种类、生产季节及栽培习惯不同而异。

1. 平畦覆盖

畦面平，有畦埂，畦宽 1.00 ～ 1.65 m，畦长依地块而定。播种或定植前将地膜平铺畦面，四周用土压紧，或是短期内临时性覆盖。覆盖时省工、容易浇水，但浇水后易造成畦面淤泥污染。覆盖初期有增温作用，随着污染的加重，到后期又有降温作用。一般多用于种植葱头、大蒜以及高秧支架的蔬菜。

2. 高畦覆盖

畦面为平顶，高出地平面 10 ～ 15 cm，畦宽 1.00 ～ 1.65 m。地膜平铺在高畦的面上。一般种植高秧支架的蔬菜，如瓜类、豆类、茄果类蔬菜。高畦高温增温效果较好，但畦中心易发生干旱。

3. 低畦覆盖

将畦做成低于地面 50 cm 左右宽的畦，畦深 15 ～ 20 cm，把育成的苗定植在沟内，然后在沟上覆盖地膜，当幼苗生长顶着地膜时，在苗的顶部将地膜割成十字，称为割口放风。晚霜过后，苗自破口处伸出膜外生长，待苗长高时再把地膜划破，使其落地，覆盖于根部。俗称先盖天，后盖地。如此可提早定植 7 ～ 10 d。保护幼苗不受晚霜危害。既起着保苗，又起着护根的作用，而达到早熟、增产增加收益的效果。早春可提早定植甘蓝、花椰菜、莴笋、菜豆、甜椒、番茄、黄瓜等蔬菜，也可提早播种西瓜、甜瓜等瓜类及粮食等作物。

4. 高垄覆盖

畦而呈垄状，垄底宽 50 ～ 85 cm，垄面宽 30 ～ 50 cm，垄高 10 ～ 15 cm。地膜覆盖于垄面上。垄距 50 ～ 70 cm。每垄种植单行或双行甘蓝、莴笋、甜椒、花椰菜等。高垄覆盖受光较好，地温容易升高，也便于浇水，但旱区垄高不宜超过 10 cm。

5. 沟坡覆盖

在地面上开出深 40 cm，上宽 60 ～ 80 cm 的坡形沟，两沟相距 2 ～ 5 m（甜瓜为 2 m，西瓜为 5 m），两沟间的地面呈垄圆形。沟内两侧随坡覆 70 ～ 75 cm 的地膜，在沟两侧的地面呈垄圆形。沟内两侧随坡覆 70 ～ 75 cm 的地膜，在沟两侧种植瓜类。

6. 穴坑覆盖

在平畦、高畦或高垄的畦面上用打眼器打成穴坑，穴深 10 cm 左右，直径 10 ～ 15 cm，空内播种或定植作物，株行距按作物要求而定然后在穴顶上覆盖地膜，等苗顶膜后割口放风。可种植马铃薯等作物。

7. 地膜的种类

（1）无色透明地膜

无色透明地膜是生产上应用最广的一种薄膜，常用的聚乙烯膜。透明膜的透明率高，土壤增温快，早春可使耕层土温提高 2 ～ 4℃，膜的幅宽从 45 cm ～ 200 cm 不等，可以根据需要选用。一般每 667 m^2 用膜量因透光性好，覆盖膜下易生杂草，所以可以在覆膜前土壤喷洒除草剂。

（2）有色地膜

①黑色膜　在聚乙烯树脂中加入 2% ～ 3% 的炭黑，透光率较低，所以膜下杂草不能生长，可以抑制杂草，黑色膜的增温效果较差，一般可使土壤增温 1 ～ 3℃，在马铃薯生产中使用黑色膜可使块茎整齐，不变绿色，早熟、增产明显。

②绿色膜　绿色膜不透紫外线，而绿色光不被作物吸收，所以能抑制杂草生长，绿色膜增温作用较强，一般 1 ～ 10 cm 深土层可增温 1.5 ～ 10℃，但膜的耐久性差，绿色素在光照下极易分解，使绿色膜易褪色。

③银灰色反光膜　是将铝粉薄薄地粘接在聚乙烯膜的两面，制成夹层膜，或在聚乙烯树脂中掺入 2% ～ 3% 的铝粉，制成含铝膜，它具有隔热和较强的反光作用，主要用来驱避蚜虫，可减少蚜虫危害和减轻病毒病的发生。

④双色及双面膜　为克服黑色膜和透明膜的缺点，制成双色膜，采用一条宽 10 ～ 15 cm 的透明膜，相接一条同样宽度的黑色膜或银色反光膜，两色相间成为双色条膜，其作用即可透光增温，又不影响根系生长，并能抑制杂草生长。双面膜是一面为乳白色或银灰色，另一面为黑色的复合膜。覆盖时乳白色或银灰色向上，黑色面向下，其增温值较低，可降低土温，一般可降低土温 0.5 ～ 5℃，可用于夏季覆盖，既有利于反光、驱避蚜虫，又可抑制杂草生长，效果较好。

（3）特种地膜

①除草膜　在薄膜制作过程中掺入除草剂，在地面覆盖后，薄膜凝聚的水滴溶解膜内的除草剂，而后滴入土壤，或在杂草触及薄膜时被除草剂杀死。起到除草作用，国外已大量应用，我国已试产使用除草膜，但目前用于蔬菜上的除草剂种类较少，且专用性很强，因此对生产及使用除草膜带来很大困难。

②有孔膜及切口膜　为了方便播种和定植，在工厂生产薄膜时按照栽培的要求，在薄膜上打出 3.5 ～ 4.5 cm 直径的播种孔，或打出一定间距的定植孔。有时为了方便撒播或条播蔬菜，而在薄膜上制成不同间距的切口，以便进行播种，但因各地种植方式不同，株行距差异较大，难以全部满足需要，所以在带来方便的同时，也有其局限性的一面。

③光解膜　在自然光照条件下，经过一定时间（40 d，60 d，80 d）自行迅速老化降解成小块，最后转化成粉末掺于土壤，无污染，对土壤结构无不良影响。

④植物纤维地膜　国外研制的以稻草及其他植物纤维为原料制成，其透明性、保温性和耐久性接近于普通聚乙烯地膜。老化后分解为植物纤维，成为土壤有机质。

⑤光—生物双降解地膜　以玉米淀粉为原料制成，在光作用下，大分子量物质逐渐降解为小分子量物质进入土壤，最后被土壤微生物分解，该地膜是最新研制成功的新产品。

8. 小拱棚的骨架一般采用竹竿或杂木制成，也有用钢筋焊成拱形骨架的。

通常有以下 3 种形式，一是棚高 0.5 ～ 0.8 m、宽 1.2 ～ 1.8 m。这种拱棚不需要立柱，只需用竹片做成拱形骨架，上覆塑料薄膜即可。二是棚高 1.2 ～ 1.5 m、宽 3.6 m，棚中间需立 1 排 1.2 ～ 1.5 m 高的立柱，立柱与立柱间距离为 3 m。棚内可做 5 条 50 cm 宽的垄或 3 个 1 m 宽的畦。三是棚高 1.8 m、宽 5.4 ～ 6 m，需立 2 ～ 3 排立柱，两侧立柱距中间立柱距离为 1.5 m，单排立柱间距 3 m，每排立柱上拉铁丝或竹竿作横梁。立柱应在秋季埋好，以备早春覆膜。

9. 小拱棚的空间小，晴天升温特别快，夜间降温也快，所以温度管理特别重要。在早春使用时，既要防高温危害，又要防冷害、冻害。防高温，可加强通风、防止干旱，必要时中午适当遮光，尤其是使用新塑料薄膜时更要小心。防冷害、冻害主要应把握好定植期，即定植不要过早。特别是在夜间不加覆盖物的情况下，更要注意防冷害。此外，还要防止风害。小拱棚主要用于春季露地蔓生豆类的前期覆盖栽培，以促进早熟。其定植期可比纯露地栽培提早 7 ～ 10 d。小拱棚也用于矮生豆类蔬菜春提早栽培及露地豆类蔬菜育苗。

五、实验步骤

1. 定植前覆地膜

露地或塑料大棚早春生产宜采用此种方法。

（1）整地做畦　细致整地，施足底肥，造足底墒后起垄或做畦。要求畦面疏松平整，无大土块、杂草及残枝落叶。一般畦高以 10 ～ 15 cm 为宜。如采用明水沟灌时，应适当缩小畦面，加宽畦沟；如实行膜下软管滴灌时，可适当加宽畦面，加大畦高。

（2）覆膜　露地覆膜应选无风天气，有风天气应从上风头开始放膜。放膜时，先在畦一端的外侧挖沟，将膜的起端埋住、踩紧，然后向畦的另一端展膜。边展膜，边拉紧、抻平、紧贴畦面，同时在畦肩的下部挖沟，把地膜的两边压入沟内。膜面上间隔压土，防止风害。地膜放到畦的另一端是，剪断地膜，并在畦外挖沟将膜端埋住。

2. 定植后覆地膜

日光温室秋冬季生产采用此种方法。

3. 畦面整理

温室果菜类定植完毕后，在两行植株中间开沟，要求深浅宽窄一致，以利于膜下灌水，然后用小木板把垄台、垄帮刮平。

4. 覆膜

选用 90 ～ 100 cm 幅宽的地膜，在畦北端将地膜卷架起，由两个人从垄的两侧把地膜同时拉向温室前底脚，并埋入垄南端土中，返回垄北端把地膜割断抻平。然后在每株秧苗处开纵口，把秧苗引出膜外，将膜落于畦面铺平，用湿土封严定植口。最后将在畦的两侧和北端的地膜埋入土中。

5. 小拱棚

宽一般 1 ～ 2 m，高 0.6 ～ 1.0 m，长 10 m 左右，或依地块长度而定。用荆条、细竹竿、竹片等弯成拱形，两端插入土中，做成拱架。1 m 宽的小拱棚用 2 ～ 4 根荆条，梢对接缠绕在一起绑紧，两端插人畦埂内，一般每 0.5 m 设 1 拱，拱插完后，用 1 根绳把所有拱在最高点处连成一整体，绳的两头拴在木橛上，固定拱棚的两端，以增加强度。2 m 宽的小拱架则需要在中间埋立柱、设横梁，以支撑拱杆，一般隔 2 m 左右埋 1 立柱。拱杆也可用竹片、细竹竿，如用荆条，则每拱的荆条数应增加到 6 ～ 8 根。也可一次投资，用 14 钢筋焊接成固定的小拱棚，宽 2 m，高 1.1 m，每 0.5 m 设

1 拱，每个小拱棚长 8 ～ 10 m，钢筋拱的底部和中部由 3 道 S14 钢筋焊接成整体，两端和中间由 3 道 00 钢筋固定跨度。

六、实验报告

按照操作程序，学会四种地膜覆盖方法以及小拱棚搭建的要点。

根据不同蔬菜种植地的整地方式进行地膜覆盖和小拱棚搭建。

实验十四　电热温床的铺设

一、实验目的

了解电热温床的结构，掌握电热温床的设置方法及安装等基本技能，熟悉土壤电加温线与自动控温仪的安装使用方法。

二、实验原理

电热温床是利用电流通过阻力大的导体（电加温线）将电能转换成热能来进行土壤加温。1 度电能约产生 860 千卡的热量。电热加温具有发热快、床温可控性好、不受外界气候影响的优点。电热温床育苗与一般常规育苗相比具有以下几个优点：①能有效解决冬季及早春育苗中地温显著偏低的问题；②温度有保障，秧苗素质高；③设备一次性投资小，易于拆除，利用率高；④自动化程度高，节省劳动力。电热温床的缺欠主要是受电力的限制，耗电量大，不能进行大规模的商品化育苗生产。

三、实验材料及用具

温室或阳畦、不同型号的电加温线、控温仪、交流接触器、常用电工工具（测电笔、老虎钳、导线、胶布等）、常用农具（铁锨、铁耙等）、塑料薄膜、锯末、马粪、竹竿等。

四、实验内容

1. 常见的电热加温线的规格

型　号	电压 /V	电流 /A	功率 /W	长度 /m	使用温度 /℃	色　标
DV20410	220	2	400	100	≤ 45	黑
DV20406	220	2	400	60	≤ 40	棕

DV20408	220	3	600	80	40	蓝
DV20810	220	4	800	100	<40	黄
DV21012	220	5	1000	120	≤40	绿

2. 常见控温仪的规格

型　号	负载功率 /kW	负载电流 /A	控温范围 /℃	供电形式
BKW-5	2	5×2	10 ～ 50	单相
KWD	2	10	10 ～ 50	单相
WKQ-1	2	5×2	10 ～ 50	单相
WK-1	1	5	0 ～ 50	单相
WK-2	2	5×2	0 ～ 50	单相
BKW	26	40×3	10 ～ 50	三相四线制
WKQ-2	26	40×3	10 ～ 40	三相四线制
WK-10	10	15×3	0 ～ 50	三相四线制

3.CJ 系列交流接触器

型　号	额定电流 /A	联锁触点额定电流 /A	220 伏电压时最大容量 /kW
CJ10-5	5	5	1.2
CJ10-10	10	5	2.2
CJ10-20	20	5	5.5
CJ10-40	40	5	11
CJ10-60	60	5	17
CJ10-100	100	5	30
CJ10-150	150	5	43

4. 电热温床的结构

为了节约用电，电热温床应设在温度条件较好的日光温室或加温温室内，面积根据需要选定。为减少热量损耗，最好用隔热层把床土和大地隔开。隔热层材料可就地取材，稻糠、麦秸、稻草、木屑、马粪等均可。床坑深 25 ～ 30 cm，平整床基后铺一层塑料薄膜，然后铺上述保温材料约 5 ～ 10 cm 厚，上面再盖一层塑料薄膜，薄膜上覆盖 3 ～ 5 cm 厚的培养土。床土上按要求布设电热线，最后再盖一层培养土。如果是苗床直播，则这层培养土应在 5 ～ 10 cm 厚。若用育苗盘或营养钵育苗，土层 0.5 ～ 5 cm 厚即可。温床夜间最好再扣小拱棚保温。

5. 电热线、控温仪与交流接触器的选择与使用

（1）电加温线可分为给空气加温的气热线和给土壤加温的地热线两类，两者不要混用。电热线采用低电阻系数的合金材料，400 瓦以上的电加温线都用多股电热丝。气热线绝缘层选用耐高温聚乙烯或聚氯乙烯，地热线采用聚氯乙烯或聚乙烯注塑，厚度在 0.7 ～ 0.95 mm 之间，比普通导线厚 2 ～ 3 倍。电加温线和导线的接头采用高频热压工艺，不漏水、不漏电。购买和使用电加温线时，一定要注意几个技术参数，即额定工作电压、额定功率、使用温度、线全长。在使用过程中若达不到参数要求，就达不到预期效果而造成能源浪费；若超过参数要求，将会发生事故。

（2）控温仪的选择

目前用于电热温床的控温仪基本上是农用控温仪，它以热敏电阻作测温，以继电器的触点做输出，仪器本身电源是 220 伏，控温范围为 10 ～ 40℃，控温的灵敏度为 ±0.2℃。

（3）交流接触器的选择

如果电加温线总功率大于控温仪允许负载时，必须外加交流接触器，否则控温仪易被烧毁。交流接触器的线圈电压有 220 伏和 380 伏两种，220 伏较常用。目前 CJlO 系列的交流接触器较常用。

6. 电加温线和控温仪及交流接触器的连接方法（图 4-1）

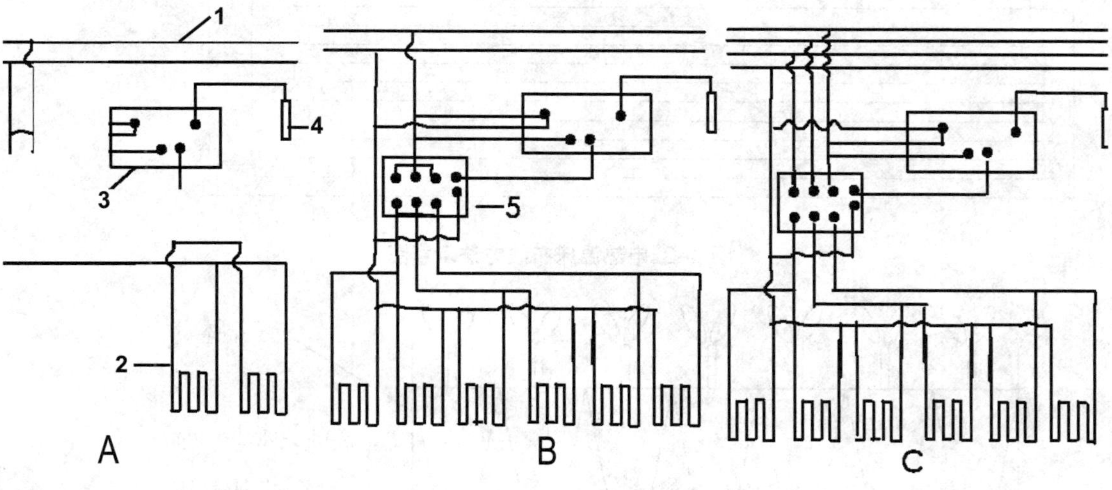

1—电源线；2—电加温线；3—控温仪；4—感温探头（置于温床内）；5—交流接触器

图 4-1 电热线、控温仪及交流接触器连接法

（1）当电加温线总功率不大于控温仪的最大允许负载时，可将电热线直接与控温仪连接。

（2）如电热线总功率超过控温仪的最大负载，应外加交流接触器。

（3）大面积育苗使用的电热线很多，应采用三相四线制供电。接线时电热线分成三组，每组的功率尽可能一样。同一组内各线并联得两个总的线端，一头一尾，然后把三组线的尾连在一起接电源零线，另三个头分别接交流接触器的三个下触点。接触器的上触点接三相闸刀开关。

五、实验步骤

1. 电热温床的布线方法（图 4-2、图 4-3）

铺电热线的时候，可先在苗床的床底铺好隔热层，上压 35 cm 厚的细土，用木板刮平后，就可以铺设电热线。布线时，先按所需的总功率的电热线总长，计算出布线间距，在苗床两端按布线间距，隔一定距离（已算好的布线间距）插一根 10 ～ 15 cm 长的小竹棍，把电热线来回绕在竹棍上，使之紧贴地面并拉直。注意电热线不要弯曲、打卷或使邻近的两根线靠在一起，也不能在同一根木棍上反复缠绕，以免局部温度过高，烧坏绝缘层，造成漏电。电加温线两端的导线部分从床内伸出来，以备和电源及控温仪等连接。布线完成后，覆盖上培养土，把电热线与导线的接头处也埋好，布线的行数最好为偶数，以便电热线的引线能在一侧，便于连接。若所用电加温线超过两根以上时，各条电加温线都必须并联使用而不能串联。

图 4-2 电热温床布线方法示意图

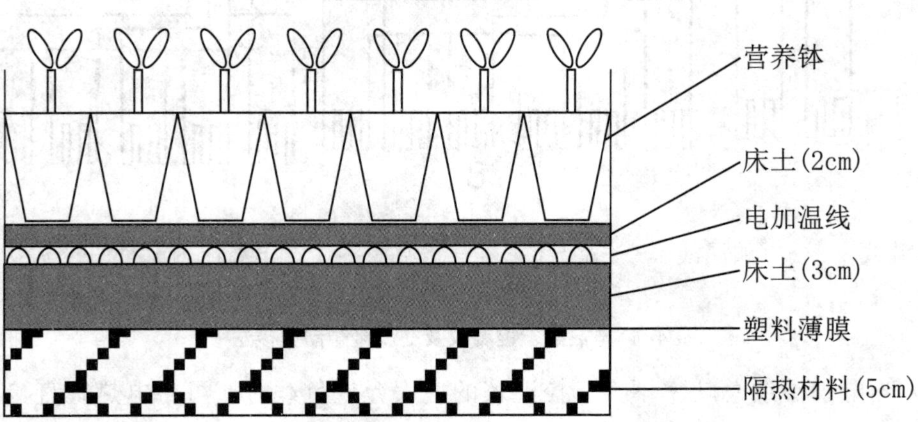

图 4-3 电热温床结构纵断面示意图

2. 注意事项

（1）电热线的功率是固定的，使用时只能并联，不能串联，不能接长或剪短，否则温度不能升高或烧毁。如果连接的电热线较多，电热线安装最好由专门电工操作。

（2）整盘电热线不得在空气中通电试验和使用，以免烧坏绝缘层而漏电。如果发现电热线绝缘层破损，用电容胶修补。

（3）为减少土壤向下层传热，可在电热线下层设隔热层，如铺碎稻壳、马粪、沙子或细炉灰渣等。

（4）由于苗床四周散热快，温度低，电热线布线时靠边缘要密，中间要稀，总量不变，使温床内温度均匀。

（5）电热线使用时要拉紧放直，电热线不得弯曲，不能交杈、重叠和打结，接头要用胶布包好，防止漏电伤人。

（6）在苗床进行各项作业时，一定要切断电源之后进行，确保人身安全，注意劳动工具不要损伤电热线。

（7）使用过程中，发现电热线不能加热时，最好用断线检测仪检测，并用防水绝缘胶布包好，并用木棒支起来，以免发生漏电危险。

（8）选择一天中棚内最低温度的时间（主要是夜间）加温，并充分利用自然光能增温、保温，以降低成本。

（9）在挖苗或育苗结束收线时，要清除盖在上面的土，轻轻提起，不要用铁锹深挖、硬拔、强拉，以免切断电热线或破坏绝缘层。电热线取出后洗净、擦净泥土，卷成盘捆好，放在阴凉处保存，并防止鼠害，以免咬坏绝缘层。控温仪及交流接触器应存于通风干燥处。

（10）电热线育苗，浇水量要充足，要求小水勤浇，控温不控水，否则会影响幼苗生长。

六、实验报告

1. 动手铺设和安装电热线和控温仪，并思考电热加温线安装过程中应注意的事项。

2. 电热温床的生产意义。

3. 制作电热温床的注意事项。

4. 完成下列表格并绘制所作电热温床的断面图，表明构成和规格及线路图。

表 4-1　电热温床制作实验结果

项　目	实验结果
电加温线型号	
控温仪型号	
交流接触器型号	
苗床长 /M	
苗床宽 /M	
基础地温 /℃	
设定地温（℃）	
功率密度 /W/m^2）	
电加温线根数 / 根	
电加温线往返道数 / 道	
布线平均间距 /cm	

实验十五　温室大棚的小气候观测

一、实验目的

通过对设施内外温度、湿度、光照等进行观测，进一步掌握各种设施小气候的变化规律，学会设施内小气候的观测方法和测定仪器的使用。

二、实验原理

设施内的小气候是指在特定的设施内形成的局部气候，这种气候特点主要表现在温、光、湿、气、土几个气候要素的数值及其变化规律。要研究设施内的小气候应对上述几个气候要素进行观测。

温室和塑料大棚是生产中应用的主要设施，其小气候特点与露地差异较大，而且该小气候与作物的生长密切相关。在设施生产中，生产者对环境干预、控制和调节的能力与影响，比露地生产大得多。管理的重点是根据作物的生物学特性对环境条件人为调节控制，人为创造出作物生育所需的最佳的综合环境条件，尽可能使作物与环境间协调、统一、平衡，充分发挥作物本身的特性，从而实现优质、高产、高效。

设施内的小气候中，对作物生长发育影响最大的环境因子是光照、温度和湿度，而设施内的光照和温湿度受自然界的太阳光、温湿度影响最大；其次设施的大小、结构不同，光照和温湿条件也有差异，同时设施内还存在局部差异，只有充分了解设施内的光照和温湿条件及其在设施内的分布趋势，才能因地制宜地优化设施结构，制定出合理的通风等环境调控措施，改善设施内的小气候，利于作物生长发育。

三、实验材料及用具

1. 设施

本地区代表性大棚、温室。

2. 仪器

（1）光照　总辐射表、光量子仪（测光合有效辐射）、照度计。

（2）空气温湿度　通风干湿表、干湿球温度表、最高最低温度表（最好用自动记录温湿度表）。

（3）土温　曲管地温表 （5 cm，10 cm，15 cm，20 cm）或热敏电阻低温表。

（4）气流速度 热球或电动风速表。

（5）二氧化碳浓度　便携式红外二氧化碳分析仪。

四、实验内容

设施内小气候包括温度（气温和地温）、空气湿度、光照、气流速度和二氧化碳浓度，是在特定的设施内形成的。本实验主要测定大棚、温室内各个气候要素的分布特点及其日变化特征。因为同一设施内的不同位置、栽培作物状况和天气条件不同都会影响各小气候要素，所以应多点测定，而且日变化特征应选择典型的晴天和阴天进行观测。但是根据仪器设备等条件，可适当增减测定点的数目和每天测定次数，确定测定项目。

1. 观测点布置

水平测点左边为设施内，一般布置 9 个观测点，其中 5 点位于设施中央，其余各点以 5 点为中心在四周均匀分布；右边为设施外，它与 5 点相对应。

垂直测点按设施高度、作物生长状况和测定项目来定。在无作物时，可设 20 cm，50 cm，150 cm 三个高度；可设作物冠层上 20 cm 和作物层内 1 ～ 3 个高度，室外是 150cm 高度，土壤中设 10 cm，15 cm，20 cm 等深度。

2. 观测时间

一天中每隔两小时测一次温度（气温和地温），空气温度、气流速度和二氧化碳浓度，一般在 20:00，22:00，0:00，2:00，4:00，6:00，8:00，12:00，14:00，16:00，18:00 共测 11 次，但设施揭盖前后最好各测一次，总辐射、光合有效辐射、光照度在揭帘以后、盖帘之前时段内每隔 1 h 测一次，总辐射和光合有效辐射要在正午时再加测一次。

3. 观测值读取

每组测一个项目，按每个水平测点顺序往返两次，同一点自上而下、自下而上也往返两次，取两次观测平均值。

4. 注意事项

（1）测定前先画好记载表。

（2）测量仪器放置要远离加温设备。

（3）仪器安装好以后必须校正和预测一次，没问题后再进行正式测定。

（4）测定时必须按气象观测要求进行，如温度、湿度表一定要有防辐射罩，光照仪必须保持水平，不能与太阳光垂直，要防止水滴直接落测量仪器上等。

（5）测完后一定要校对数据，发现错误及时更正。

五、实验步骤

1. 温、湿度分布

（1）在温室（大棚）中部选一纵剖面，设五排测点，排与排间距相等，两边的一排据棚边 0.5 m，位置定后各测点插两根竹竿，以便设温度表。各排不同高度温度表的设置，感应球底部均距地面 20 cm，感应球顶部均距薄膜 20 cm，每排其余温度表按照上下两点间距，以平均距离设置 1 ～ 2 个点，杆上每点均设 1 支干球温度表和 1 支湿球温度表。

（2）在温室（大棚）1 m 高处选一横断面，按东、中、西和南、中、北设置 7 个测点。每测点设 1 台自记温度计和湿度计。

（3）在温室（大棚）内按（2）的方法确定 7 个测点，地面设地面温度表、最高最低温度表，并埋入 5 cm，10 cm，15 cm，25 cm 地温表。

（3）在露地相应高度应设对照测点各测点设干湿球温度表或自记温度计和湿度计。观测时间：上午 8:00、中午 14:00、晚上 8:00。

2. 光照

光照分布的测点选择、观测时间与温湿度观测一样，观测时间也可在正午进行。

观测记载各测点温度表读数时来回各读 1 次，光照强度来回各测 1 次，两次读数均记入表内，求出平均值，地温可只读 1 次。温湿度日变化可记录温室（大棚）内和露地 1m 高处的温湿度变化情况，记载 2:00，6:00，10:00，14:00，18:00，22:00 的温湿度。

六、实验报告

1. 写出实验报告，根据观测数据绘出设施内外温度、湿度的日变化曲线图。

2. 根据观测数据比较温室和大棚小气候各要素的时空分布特点，分析形成的原因，并对温室和大棚的结构，管理提出自己的意见。

实验十六　蔬菜无土栽培营养液配制与浮板培养

一、实验目的

1. 熟悉无土栽培蔬菜的原理。
2. 掌握简单的无土栽培方法以及营养液的配制。
3. 掌握无土栽培中浮板培养。

二、实验原理

无土栽培是以水、草炭、蛭石等介质作植株根系的基质固定植株，蔬菜根系能直接接触营养液的栽培方法。无土栽培能防止土壤传播病害发生，节约水资源，使蔬菜获得高产。

三、实验材料及用具

材料：蔬菜幼苗、海绵、塑料薄膜。

四、实验内容

1. 营养液的组成

母液种类分成 A，B，C 三个母液，A 液包括 KNO_3：38 g，NH_4NO_3：33 g，KH_2PO_4：3.4 g，$MgSO_4 \cdot 7H_2O$：7.4 g，$CaCl_2$：6.64 g（单独溶解）浓缩 20 倍；B 液包括 Na-EDTA · $7H_2O$：7.46 g（放入锅内加热溶解）$FeSO_4 \cdot 7H_2O$：5.56 g（放入量杯内溶解，溶解后将其倒入锅内混匀，加热至沸腾）肌醇 20g 维生素包括烟酸 VB1：100 mg、VB6：20 mg、甘氨酸：100 mg、400 mg 浓缩 200 倍；C 液包括 KI：0.166 g，H_3BO_3：1.24 g，$MnSO_4 \cdot H_2O$：4.46 g，$ZnSO_4 \cdot 7H_2O$：1.72 g，$Na_2MoO_4 \cdot 2H_2O$：50 mg，$CuSO_4 \cdot 5H_2O$：5 mg、$CoCl_2 \cdot 6H_2O$：5 mg 浓缩 200 倍。

2. 计算各母液化合物用量按以上配方要求配制 1 000 mL 培养液。

3. 水槽准备

准备 50 L 的泡沫箱，泡沫箱内部铺上塑料薄膜，将 1 L 的培养液加入泡沫箱中，并加入 45 L 左右的已晾晒的自来水，混匀后作为终溶液备用。

4. 浮板制作

选取与泡沫箱大小的泡沫板作为浮板，根据种植蔬菜的大小按一定的株行距进行挖孔。

5. 定植蔬菜

将海绵浸湿营养液后将已在育苗盘中的蔬菜幼苗根系洗净后用海绵包裹茎基部置于泡沫板定植孔中。保证根系完全浸入营养液中。

6. 后期管理

经常观察营养液液面，使水位始终位于茎基部以及对营养液中大量元素的测定监控。

五、实验步骤

1. 营养液的组成及配制要点。
2. 浮板的制作及蔬菜的定植。

六、实验报告

1. 详细记录营养液的配制过程。
2. 浮板栽培蔬菜的后期管理过程。

实验十七　无土栽培营养液的配制技术

一、实验目的

营养液管理是无土栽培的关键技术，营养液配制是基础。本实验运用所学的理论知识，通过具体操作，掌握一种常用营养液的配制方法。

二、实验原理

无土栽培是指不用天然土壤、而用营养液来栽培作物的方法，目前生产上常用有水培、砂砾培、珍珠岩 + 泥炭培和锯末培等，无土栽培与常规栽培的区别，就是不用土壤，直接用营养液来栽培植物。其优点可以有效地控制植物在生长发育过程中对温度、水分、光照、养分和空气的最佳要求。

三、实验材料及用具

1. 材料

以日本园氏通用配方为例，准备下列大量和微量元素。

（1）大量元素 $Ca(NO_3)\cdot 4H_2O$，KNO_3，$NH_4H_2PO_4$，$MgSO_4\cdot 7H_2O$。

（2） 微 量 元 素 Na_2Fe-EDTA，H_3BO_3，$MnSO_4\cdot 4H_2O$，$ZnSO_4\cdot 7H_2O$、$CuSO_4\cdot 5H_2O$，$(NH_4)6MO_7O_{24}\cdot 4H_2O$。

2. 用具

百分之一和万分之一的电子天平、烧杯（100 ml，200 ml 各 1 个）、容量瓶（1 000 ml）、玻璃棒、贮液池等。

四、实验内容

1. 母液（浓缩液）配制　分成 A，B，C 三个母液，A 液包括 $Ca(NO_3)\cdot 4H_2O$ 和 KNO_3，浓缩 200 倍；B 液包括 $NH_4H_2PO_4$ 和 $MgSO_4\cdot 7H_2O$，浓缩 200 倍；C 液包括 Na_2Fe-EDTA 和各微量元素，浓缩 1 000 倍。

2. 按园氏配方计算各母液化合物用量　按上述浓度要求配制 1 000 ml 母液，计算各化合物用量为：

（1）A 液 $Ca(NO_3)\cdot 4H_2O$ 189 g，KNO_3 161.80 g

（2）B 液 $NH_4H_2PO_4$ 30.60 g，$MgSO_4\cdot 7H_2O$ 98.60 g

（3）C 液 Na_2Fe-EDTA 20 g，H_3BO_2 2.86 g，$MnSO_4\cdot 4H_2O$ 2.13g，$ZnSO_4\cdot 7H_2O$ 0.22 g，$CuSO_4\cdot 5H_2O$ 0.05 g，$(NH_4)_6MO_7O_{24}\cdot 4H_2O$ 0.02 g。

Na_2Fe-EDTA 也可用 $FeSO_4\cdot 7H_2O$ 和 Na_2Fe-EDTA 自制代替。方法是按 1 000 倍母液取 $FeSO_4\cdot 7H_2O$ 13.9 g 与 Na_2Fe-EDTA 18.6 g 混溶即可。

3. 母液的配制　按上述计算结果，准确称取各化合物用量，按 A，B，C 种类分别溶解于三个容器中，并注意每种试剂的加入要待前一种试剂溶解后再加入后一种，全部溶解后，定容至 1 000 ml，然后装入棕色瓶，并贴上标签，注明 A，B，C 母液。

4. 工作营养液的配制　用上述母液配制 50L 的工作营养液。分别量取 A 母液和 B 母液各 0.25 L、C 母液 0.05 L，在加入各母液的过程中，务必防止出现沉淀，方法如下：

（1）在贮液池内先放入相当于预配工作营养液体积 40% 的水量，即 20 L 水，再将量好的 A 母液倒入其中。

（2）将量好的 B 母液慢慢倒入其中，并不断加水稀释，至达到总水量的 80% 为止；将 C 母液按量加入其中，然后加水到规定体积并充分搅拌，最后测定 pH，不适宜时用酸或碱调节。

五、实验步骤

1. 称量

按照配方要求准确称取各种肥料，然后分别放置在干燥的容器内或聚乙烯塑料薄膜上。需说明的是，配方中各类盐的用量均为纯浓度盐的用量，如果所用盐的用量达不到要求，应按相应比例增加用量。

2. 调节 pH

向贮液池中注入最终体积 80% 左右的水，并校正水的 pH 到 5.5 ～ 6.5。调节 pH 主要用磷酸、硫酸、硝酸、氢氧化钾等。

3. 配制母液

母液一般分为 A，B，C 三种。

A 母液　以钙盐为中心，将不与钙产生沉淀的肥料溶在一起而成，浓度较工作浓度浓缩 200 倍。

B 母液：以磷酸盐为中心，将不与磷酸根形成沉淀的盐溶在一起而成，浓度较工作浓度浓缩 200 倍。

C 母液　由铁和微量元素组成，浓度较工作浓度浓缩 1 000 倍。

4. 营养液的管理

（1）浓度管理　营养液浓度因蔬菜种类、生育时期、栽培季节及栽培方式的不同而改变。一般苗期营养液宜淡，生育旺盛期宜浓；夏季宜淡，冬季宜浓；强光栽培宜淡，弱光栽培宜浓。营养液在使用过程中，应随着浓度的升高或降低，及时补充水分或无机盐。具体做法：第一周使用新配制的营养液，第一周末添加原始配方营养液的一半，第二周末把营养液罐中所剩余的营养液全部倒掉，从第三周开始重新配制新的营养液，并重复以上过程。

（2）调节 pH　营养液 pH 的适宜范围为 5.5 ～ 6.5。

（3）温度管理　夏季液温不超过 28℃，冬季不低于 15℃。

（4）营养液含氧量调整　夏季气温高，溶液中含氧量少，营养液往往供养不足。可通过搅拌、营养液循环流动、适度降低营养液浓度或用循环泵等措施来提高加氧量。

六、实验报告

完成实验报告、详细记录营养液配制过程。

实验十八　PVC 管无土栽培蔬菜

一、实验目的

掌握 PVC 管无土栽培蔬菜的基本技能。

二、实验原理

PVC 管无土栽培是一种不用天然土壤而采用含有植物生长发育必需元素的营养液来提供营养，使植物正常完成整个生命周期的栽培技术。

三、实验材料及用具

锯子、电钻、开孔器、卷尺、记号笔、PVC 管道和端盖。

四、实验内容

PVC 管无土栽培蔬菜：

水平管道的无土培栽系统，将 PVC 管子两头密封后，中间打上一些孔，就成为种植容器。再将园艺塑料管把这些容器连接起来，然后定时把蔬菜需要的营养液输送到这些容器中，再回流到储蓄槽里，供下次使用，这样形成一个循环系统。

制作要点：

1. 把直径 9 cm 的 PVC 管道截成 1.2 m 的宽度，中间钻若干直径 5 cm 的孔。
2. PVC 管道两端加盖封严，不漏水。固定在支架上，形成种植容器。
3. 将每一种植容器一端的上部，开启一进水口。
4. 在另一端的侧面，开启一出水回流孔，其高度就是种植容器营养液的高度。
5. 在底部安放一个容器作为营养液储存箱。
6. 营养液储存箱内设一小水泵，用一定时器控制其开关。
7. 在顶部最好安装一密封容器，作为缓冲水流作用（没有问题也不大）。
8. 种植容器中灌入培植介质，防止植物漂流，如专用陶土颗粒，或小卵石等。
9. 调配好营养液，灌入营养液储存箱。
10. 将秧苗先放在水里把泥土都轻轻洗干净，留下根系浸泡在营养液里。

五、实验步骤

1. 管道培栽系统架子的底座，安装轮子可以在院子里移动，调整阳光的采集。

2. 在底座上固定支架。

3. 支架总体完工。

4. 油漆好支架，增加美观程度，也防腐。

5. 在 PVC 管道两端密封，中间按间隔打上种植口。

6. 固定好培栽容器（要点：一定要调整好水平度，营养液进口端略高于出口端）。

7. 这是一侧的管道分布：中间垂直的是由营养液储蓄槽输送出来的管道；中层水平的是种植槽之间提供营养液的管道；而下层是回流到营养液储蓄槽的管道。

8. 上部有个缓冲罐，出口丁字形三通有两个开关，可调整两个分支的流量。

9. 无土培栽容器的种植口，内部灌放一些陶土介质（用小卵石也可以），如果蔬菜根部有办法固定，也可以不用介质。

10. 营养液储蓄槽内部安放小泵，（当然是要用电的），这里采用 DC 供电的 5 W 园艺泵。

11. 定时器控制通电时间，也就是输送营养液的长短。

12. 改建架子后的系统，把原来每边 3 架的系统改成朝向一面，便于采光。

六、实验报告

按照操作程序，学会组装 PVC 管。

实验十九　芽苗菜无土栽培技术

一、实验目的

掌握芽苗菜无土栽培技术。

二、实验原理

凡是利用植物种子或其他营养贮存器官，在黑暗弱光（或不遮光）的条件下直接生长出，可供食用的芽苗、芽球、嫩芽、幼茎或幼梢均可称为芽苗类蔬菜。芽苗类蔬菜属于营养丰富的高档、保健蔬菜；其品质柔嫩、口感极佳，风味独特，易于消化，并具有丰富的营养价值和特殊的医疗保健作用。芽苗菜生产在相当长的一段时间内，仍将被列为投资少、成本低、见效快、经济效益高的短、平、快农业投资项目。

三、实验材料及用具

1. 种子：萝卜种子（白萝卜、红萝卜、青萝卜、樱桃萝卜）、豌豆种子（青豌豆）、黑豆、黄豆、蕹菜种子、苜蓿种子

用具：滤纸、蛭石

2. 容器：快餐盒、营养钵

用具：剪刀、小喷壶、烧杯、塑料盆、光照培养箱

四、实验内容

1. 芽苗类蔬菜多属于速生、清洁的无公害蔬菜。芽苗类蔬菜产品形成所需要的营养，主要依靠种子或根、茎等营养贮藏器官所积累的养分；一般不必施肥，只需在适宜的温度环境下，保证其水分的供应便可培育出芽苗、嫩芽、幼梢或幼茎；而且大多数生长迅速，产品形成周期很短，一般只需 7 ～ 15 d；较少感染病虫害，也毋需使用农药，因此芽苗菜较易达到绿色食品的标准。

2. 芽苗类蔬菜适于多种种植方式栽培。对环境温度的要求多属于半耐寒、耐寒或适应性广的种类，尤其产品的形成期一般不需很高的温度；在保护设施、闲置民房、轻工业厂房等都可以种植。由于芽菜以各种器官贮藏的养分作为产品形成的营养来源，因此既可进行土壤栽培也可通过盘栽、盆栽、盒栽进行不加营养液的无土栽培。

3. 芽苗类蔬菜属于生物效率、生产效率和经济效益均高的蔬菜。生物产量是种子的 4 ～ 10 倍；采用立体种植方式可扩大栽培面积 4 ～ 6 倍；周期短，只需 7 ～ 15 d；常年复种指数可达到 30 以上。

4. 芽菜产品具有新颖、优质、营养丰富、清洁无污染、保健效果良好等特点；符合社会食品需求的潮流，受到了广大消费者的青睐。

五、实验步骤

1. 先将要种植的种子用 20 ～ 30℃的洁净清水淘洗 2 ～ 3 次，待干净后浸泡，水量须超过种子体积的 2 ～ 3 倍，浸种时间 8 ～ 24 h（参照表 1）。

2. 每人种四盒（萝卜、苜蓿、蕹菜、豌豆）和两营养钵（黑豆和黄豆）；准备 6 个快餐盒（有两个快餐盒作为上下的保湿盒）及相应的滤纸；先在快餐盒的底部打好大小均匀的小孔，然后将裁好的滤纸浸湿铺在快餐盒底部（两层）；蛭石装入营养钵内，同样要把蛭石浸湿，待播。

3. 对已经浸泡好的种子进行淘洗。洗去种子表面的黏液，同时对种子进行筛选，去掉杂质和不好（虫蛀、破碎、畸形、腐烂、特小）的种子。

4. 播种：通常采用撒播。要求每盘播种量一致，撒种均匀；同时在播种时再次对

种子进行清选，剔除不好的种子。

将播完的苗盘摞在一起，每 4 盘为一摞，在摞盘的上、下面各放一个保湿盘。催芽期间，除必须保证室内温度外，每天还应进行一次倒盘和浇水；调换盘的上下前后位置，同时均匀地进行喷淋或雾喷。一般以喷湿后苗盘内不存水为宜，以免种子发生霉烂；注意每摞叠盘之间保持适当空间距离（间距 3 ～ 5 cm），以加强通风透气，利于均匀出芽。播完的营养钵放在同苗盘一样的环境条件下进行催芽管理，注意保持基质蛭石的湿润。

5. 采用一段式生产技术流程进行播种：

清洗苗盘、浸湿基质→苗盘内铺好基质→均匀撒播种子→叠好苗盘→进行催芽（在苗盘上做好记号）→出盘→出盘后的管理→采收

6.（1）出盘标准（表 4-2） 及时进行出盘。如果时间过长，常因湿度大或温度较高而导致烂种等病害发生。此外，还会引起徒长，使芽菜柔弱、细长，中后期容易倒伏；过早出盘，会增加出盘后的管理难度，芽苗生长也难以达到整齐一致。

（2）光照管理 芽苗菜一般需要弱光栽培或软化栽培。即在整个生育期，进行遮光，在最后两天进行绿化过程。此次采用软化栽培方式，以快速达到采收标准。整个生育时期要注意遮光，只在最后的两天进行见光绿化，绿化时也要注意光不要太强，要有过渡的过程。

（3）温度和通风管理 一般控制在 18 ～ 25℃的通用范围内，每种芽菜的最适温度参照表 4-2。通风除了具有调节室内气温的作用外，更重要的是能保持生产车间有清新的空气，以减少种苗霉烂和避免室内的二氧化碳严重缺失。

（4）喷淋和空气湿度管理 必须进行频繁的补水，采取小水勤浇的措施才能满足其对水分的要求。一般每天应 3 ～ 4 次雾喷或喷淋，浇水量以保证苗盘内基质湿润，又不大量滴水为宜；同时还要浇湿栽培地面，以保持室内空气相对湿度在 85% 左右。总的生长前期应少浇水，生长中后期适当加大浇水量。

7. 产品收获 芽苗类蔬菜产品组织柔嫩、含水量高，较易萎蔫脱水，同时又要求保持较高的产品档次，因此必须及时收获，采收的标准见表 4-2。

六、实验报告

1. 实验报告：要详细记录芽苗菜整个生育期的生长过程及在生产中出现的问题。

2. 交一盒芽菜。

表 4–2 芽苗菜整个生长期间管理表

芽菜种类	浸种时间 /h	催芽温度 /℃	催芽天数 /d	出盘标准 /cm	出盘后温度 /℃	生长周期 /d	采收标准 /cm
萝卜芽	8 ～ 12	23 ～ 26	2 ～ 3	0.5 ～ 1.0	20 ～ 25	5 ～ 7	6 ～ 7
豌豆苗	24	18 ～ 22	2-3	1.0 ～ 2.0	18 ～ 22	8 ～ 10	10 ～ 15
苜蓿苗	24	18 ～ 22	2	0.5 ～ 1.0	18 ～ 23	8 ～ 10	3 ～ 5
蕹菜苗	36	20 ～ 23	2 ～ 3	0.5 ～ 1.0	20 ～ 25	10 ～ 12	10 ～ 12
黑豆苗	24 ～ 36	23 ～ 26	2 ～ 3	/	20 ～ 25	10 ～ 13	10 ～ 12
黄豆苗	24	20 ～ 22	2 ～ 3	/	20 ～ 22	10 ～ 12	10 ～ 12

第五部分

实验二十　蔬菜的定植技术

一、实验目的

掌握蔬菜秧苗定植的基本技能。

二、实验原理

当秧苗长到一定大小后，从苗床移植到田间，根据后期植株生长大小，预留一定的空间，加大行间距，有利于秧苗生长发育良好，同时能充分发挥群体的增产作用，达到充分利用光能、地力和空间，从而获得高产。

三、实验材料及用具

苗期秧苗若干、定植铲、喷壶等。

四、实验内容

1. 整地作畦

（1）耕翻将上下层土壤交换位置混匀后进行耙磨、镇压、保墒等作业增加吸水保水能力，改善土壤孔隙度。

（2）作畦根据当地的气候条件、土壤条件和蔬菜种类的差异，选择适合该蔬菜种植的菜畦。如排水良好、雨水充足可选择平畦，气候干燥缺水地区可采用低畦，耐旱、半耐旱蔬菜如西瓜、甜瓜、胡萝卜、茄果类、豆类可采用高畦或垄栽，喜湿润蔬菜如葱蒜类、绿叶菜类可采用平畦或低畦进行栽培。

2. 定植

（1）定植时期要考虑当地气候条件、蔬菜种类和栽培目的等。对于耐寒和半耐旱蔬菜在长江以南地区进行秋冬季栽培，露地越冬；喜温性蔬菜可在春季土壤活动后，10 cm 地温稳定在 5 ～ 10℃时定植。

（2）定植方法高温季节按株行距开定植穴（沟），沟内栽苗，进行明水灌溉。若地温降低水量小时，按株行距开沟（穴），水渗下后栽苗封沟覆土。

（3）定植深度根据不同蔬菜的根系深浅不同确定，浅根系蔬菜定植宜浅如黄瓜、白菜等，深根系蔬菜定植较深，如茄子、萝卜等。

（4）定植密度因蔬菜的种类、品种和种植方式、品种的生长习性、植株开展度及整枝方式不同而存在差异，如单干整枝较双干整枝种植密，绿叶蔬菜较茄果类蔬菜种植密，早熟品种较晚熟品种密。

（5）早春蔬菜定植

①低温炼苗　它可明显增强蔬菜秧苗耐低温能力，有利于蔬菜定植后及早缓苗。低温炼苗一般在蔬菜定植前 7 ～ 10 d 进行，且不可时间过长。育苗床白天温度掌握在 15 ～ 20℃，夜间降低到 8 ～ 12℃，以提高幼苗的抗寒性。低温炼苗时苗床的温度不能过低，否则会影响根系的正常生理功能，容易出现老化苗和僵苗，影响正常生长。

②提前扣棚　为使蔬菜秧苗定植后尽快缓苗，需要棚室达到一个适宜的温度，尤其是对于番茄、茄子、黄瓜等果菜类蔬菜来说，这些蔬菜对地温和气温的要求较高，要求 5 ～ 10 cm 的地温要达到 15℃以上，气温不能低于 10℃，才能正常生长。因此，在蔬菜秧苗定植前 10 d，应将棚室覆盖塑料薄膜，密闭棚室，提高地温。

③适时定植　早春气温不稳定，容易出现倒春寒、大风降温和雪冻等低温天气，蔬菜秧苗在定植前一定要注意收听收看天气预报，要求 5 ～ 7 d 内没有降温和阴雪天气，这样才有利于蔬菜缓苗。

④加强保温　秧苗定植后一定要加强保温工作，以促进幼苗缓苗。定植后 3 ～ 5 d 内要密闭棚室，不放风，适当提高棚温加速缓苗。白天温度保持在 28 ～ 30℃之间，夜间温度保持在 20℃以上。遇到大风降温天气时，夜间要加盖保温物，防止夜间散热过多，造成棚室温度下降过快。另外，在操作行铺设作物秸秆，不仅能够提高地温，还能降低棚室内的湿度，有利于蔬菜健康生长。

（6）早春蔬菜定植前后注意事项

①定植前炼苗　定植前 7 ～ 10 d，采取通风降温的措施，使白天气温降低到 15 ～ 20℃，夜温降低到 8 ～ 12℃，以提高幼苗的抗寒性，增加幼苗对环境的适应能力。

②注意天气预报　灵活掌握定植期，留心天气预报，定植后要保证 7 ～ 10 d 没有大降温天气。

③严把定植关　选择壮苗定植，严格控制浇水量，防止地温下降过快，采用先浇定植穴水再定植培土的方式，定植后要进行中耕锄划，促进缓苗。定植后注意保温保湿，3 ～ 5 d 内不放风。

（7）高温季节蔬菜定植

高温季节为了培育幼苗强大的根系、利于温度降低后根系的生长，按大小行起垄栽培，将幼苗定植在垄的 1/2 处。一般大行行距 80 cm 左右，小行行距 60 cm 左右即可。定植密度要合适，不同蔬菜定植密度不同，但一定要避免密度过大，以免密度过大导致通风透光条件不好，不仅影响产量，而且易造成病害的发生；深度也要适宜，定植时深度与原来育苗基质块相平或略深 0.2 ～ 0.5 cm，千万不要定植过深，否则缓苗慢、病害多。苗盘消毒是预防病虫害的好办法，根据棚内的实际情况选择药剂即可，同时加入杀菌、杀虫、生根剂效果更佳。在提前造墒的基础上，定植水可以适当小点。为给根系创造更好的生长环境、提供更佳的营养条件，随水冲施海藻酸肥料，再加根统管或者是根福保水溶肥，以促进根系生长和抑制有害菌发生。

注意降温和减光，可使用遮阳网和喷淋系统，以起到遮荫、降温和增大棚内湿度的作用，创造适宜幼苗生长的温度、湿度和光照条件，以抑制病毒病的发生。苗期的重点是发根，培养强大的根系是高产的第一步，也是维持地上部和地下部生长平衡的重要方式，管理上要做到以下几点。

①创造利于根系生长的土壤环境　定植水过后，缓苗水可以适当大点，随水冲施海藻酸 + 钙镁锌中微量元素肥料，此后要适当控水，以生根壮秧、促花保果和抑制植株徒长。

②多次划锄　每次浇水后都要进行中耕划锄，起到疏松土壤、保持湿度、促根促花的作用。

③及时吊蔓　作物长到一定高度时一定要及时吊蔓，避免倒伏，吊蔓时可以让植株都倒向一边，抑制顶端优势，避免徒长。

④环境调控　调控温度、湿度、光照、水肥等条件，以满足作物生长和开花坐果的需求。

⑤预防病虫害的发生　高温季节害虫较多，通风口和棚门口要使用 60 ～ 80 目防虫网，再悬挂黄色、蓝色黏虫板诱杀蚜虫、白粉虱、斑潜蝇、蓟马等，田间悬挂捕蛾器诱捕鳞翅目害虫的成虫；同时根据棚内虫口数量及时喷施药剂防治害虫，如乙基多杀菌素防治蓟马，吡虫啉防治蚜虫、粉虱，联苯肼酯、乙螨唑等防治叶螨，苏云金杆菌、甲维盐等防治鳞翅目害虫的幼虫。苗期容易发生的病害主要有猝倒病、立枯病、茎基腐病、疫病等，可以使用霜霉威 + 噁霉灵 + 噻唑锌等喷淋茎秆和灌根，同时注意浇小水降低棚内湿度。

⑥温度较高时，易发生病毒病、根结线虫病，如番茄在定植后 15 ～ 20d 即会遭受根结线虫病为害而出现植株中午萎蔫的情况，甚至在定植后 5 ～ 7 d 就会出现病毒病为害症状，因此管理过程中一定要提前预防。根结线虫病在定植前或定植后及时使用阿维菌素 + 淡紫紫孢菌 + 苏云金杆菌进行灌根；病毒病要采取综合防治的方法，在选择抗病品种的基础上，消灭传毒媒介，避免高温干旱，补充鼎效能量、鼎效绿，培育壮苗，以提高植株自身抗性，喷施嘧肽霉素、盐酸吗啉胍等抑制、钝化病毒。

五、实验步骤

1. 整地作畦

将地块进行耕翻，撒入腐熟的有机肥或复合肥，将园土与费充分混匀后，将地耙平，根据蔬菜种类、当地气候条件以及种植方式确定作畦方式。

2. 定植深度和密度确定

定植深度一般为 6 ～ 8 cm，叶菜类深度可适当减少，密度根据蔬菜本身植株大小以及栽培方式确定。

3. 起苗

起苗前先浇透水，将苗间进行划线，有利于起苗时土壤不散坨，避免幼苗间相互窜根而伤根，营养钵育苗无需起苗。

4. 栽苗

栽苗前注意不同种类、不同品种蔬菜的株行距，先用小铲开好定植穴，栽植深度以蔬菜根系自身的深浅确定。

5. 灌水与覆土

将每穴浇足定植水，将蔬菜幼苗根据根系的深浅差异定植于穴中，深根性蔬菜栽植深度为 6 ～ 8 cm，浅根性蔬菜栽植深度为 2 ～ 3 cm，随后覆土，轻轻耙平即可。

六、实验报告

按照操作程序，学会整地作畦方式。

掌握不同蔬菜的定植要点。

实验二十一　蔬菜的物候期观察

一、实验目的

物候期的观察是在一定的条件下，随一年中季节气候的变化，观察记载蔬菜各器官相应的生长发育进程，在蔬菜生产上要进行物候期的观察，积累资料，进行比较，作为制定栽培技术措施的参考。

二、实验原理

蔬菜物候期是蔬菜的生长发育规律与蔬菜对气候变化的反应。不同蔬菜根据自身的生长特性不同而有不同的外观形态，通过观测和记录蔬菜的生长发育变化等周期性规律进而了解气候的变化规律及对蔬菜的营养。

三、实验材料及用具

不同的蔬菜幼苗（甘蓝、白菜、萝卜、茄子、番茄、黄瓜等），直尺、温度计、记录本等。

四、实验内容

1. 蔬菜物候期的观察要点

蔬菜生长周期可划分为生长期和休眠期，物候期的观察着重生长期的变化。其观察记载的主要内容有发芽期、幼苗期、营养生长期、现蕾期、抽薹期、开花期，由于蔬菜种类繁多，各类蔬菜的生长习性和食用器官不同，每种蔬菜又分为若干不同时期，如大白菜的莲座期和结球期，生育期一般以产品器官形成为标准，如马铃薯的现蕾、开花期（块茎迅速膨大期），生长时期的判定一般以 10% 左右的植株出苗作为出苗始期，75% 出苗时作为出苗盛期。在物候期转变前后，应增加观察次数，当气温高，物候期短暂时，应每天观察一次或一天观察两次，当生长变化减缓时，可以间隔一定时间观察一次，不同蔬菜根据收获的产品器官不同，物候期的记录各有差异。

（1）叶芽的观察

双子叶蔬菜两片子叶展开，两叶一心时期。

（2）叶的观察

展叶期：两片真叶展开。

叶片生长期：从展叶后到营养生长盛期。

（3）开花期

现蕾期：花芽分化到出现花蕾。

初花期：开始开花。

盛花期：25% ～ 75% 花开，亦可记载盛花初期（25% 花开）到盛花终期（75% 花开）的延续时期。

末花期：最后一朵花败落。

（4）结实期

幼果出现期：受精后形成幼果。

果实着色期：开始变色。

果实成熟期：果实长成正常颜色和大小。

2. 物候期观察时应注意事项

（1）选具有代表性而品种正确、生长健壮的植株 3 ～ 5 株进行观测。

（2）各物候期的观测项目的记载方法要有统一的标准和要求，才能进行比较。对每一物候期的起止日期必须记清。

（3）每物候期观察的时间，应根据不同时期而定。如春季生长快时，物候期短暂，必要时应每天观察，甚至一天内观察二次。随着生长的进展，观察间隔时间可长些，隔 3 ～ 5 天观察一次。到生长后期可 7 天或更长时期观察一次。

（4）物候期观察要细致，注意物候的转换期。一般以目测为主，亦可使用测具测定。同时要注意气候变化和管理技术等物候期变化的影响。

（5）观测物候期的同时，要记录气候条件的变化，观察项目：一般包括气温、土温、降水、风、日照情况、大气湿度等。

五、实验步骤

1. 根菜类蔬菜物候期记录

（1）发芽期　萝卜从种子萌动到第一对真叶展开，需 5 ～ 7 d；胡萝卜需 10 ～ 15 d。

（2）幼苗期　从第一对真叶展开到破肚，需 15 ～ 20 d；胡萝卜需 25 d。

（3）莲座期：从“破肚”到“露肩”称莲座期；胡萝卜需 30 d。

（4）肉质根生长盛期　从露肩到收获，大中型萝卜需 40 ～ 50 d，小型萝卜需 15 ～ 20 d；胡萝卜需 50 ～ 60 d。

（5）收获　小型品种单根重 100 ～ 150 g，大型品种单根重可达 10 ～ 15 kg；胡萝卜地上部心叶呈黄绿色，外叶稍呈枯黄状，有半数叶片倒伏，根部停止肥大时及时收获。

2. 葱蒜类蔬菜物候期记录

（1）发芽期　韭菜从种子萌动到第一片真叶出现为发芽期，需 10 ～ 20 d；洋葱约需 15 d。

（2）幼苗期　韭菜从第一片真叶出现至幼苗具有 5 片叶，株高 18 ～ 20 cm 为幼苗期，需 80 ～ 120 d；秋播葱的幼苗期约 250d；洋葱约需 40 ～ 60 d；春播大蒜生育期只有 90 ～ 100 d，秋播大蒜生育期长达 220 ～ 240 d。

（3）花芽及鳞芽分化期　大蒜由花芽和鳞芽分化开始到分化结束为止，一般需 10 ～ 15 d。

（4）蒜薹伸长期　蒜薹开始伸长至采收的一段时间约 30 d。

（5）鳞茎膨大期　洋葱需 30 ～ 40 d；大蒜需 50 ～ 60 d。

3. 白菜类蔬菜物候期记录

（1）苗期　从第一片真叶出现到团棵为幼苗期，大白菜早熟品种需 14—16d，晚熟品种需 18 ～ 22 d；甘蓝夏秋需 25 ～ 30 d，冬春需 40 ～ 60 d。

（2）莲座期　大白菜从团棵到第三叶环的叶子（早熟品种 15 ～ 18 片，晚熟品种 23 ～ 26 片）。

（3）结球期　从莲座期结束至叶球充分膨大直至收获为结球期，早熟品种需 25 ～ 30 d，晚熟品种需 40 ～ 60 d；甘蓝早熟品种需 20 ～ 25 d，晚熟品种需 30 ～ 50 d。

4. 豆类蔬菜物候期记录

（1）苗期　菜豆春茬 25 ～ 30 d；豇豆苗龄 25 ～ 35 d；豌豆苗龄 25 ～ 30 d。

（2）抽蔓期　从 4 ～ 5 片真叶展开到开花为抽蔓期，需 10 ～ 15 d；豌豆需 15 ～ 20 d。

（3）开花结荚期　从开花到采收结束为开花结荚期，一般播种后 30 ～ 40 d；豇豆短的 45 d，长的可达 70 d；豌豆一般需 50 ～ 60 d。

5. 瓜类蔬菜物候期记录

（1）苗期　南瓜苗龄 20 ～ 30 d；西葫芦苗龄达 30 ～ 35 d；黄瓜历时 20 ～ 30 d；苦瓜苗龄 40 d。

（2）缓苗期及伸蔓期　黄瓜从团棵到根瓜坐住为止，需 15 ～ 25 d。

（3）结果期　南瓜成熟果在花后 30 ～ 60 d；露地夏秋黄瓜只有 40 d，日光温室冬春茬黄瓜长达 120 ～ 150 d；西瓜开花结果需 30 ～ 40 d；苦瓜开花结果 90 ～ 100 d。

6. 茄果类蔬菜物候期记录

（1）苗期　番茄从第一片真叶出现至幼苗具 2 ～ 3 片真叶为营养生长阶段，需 25 ～ 30 d；辣椒日历苗龄 80 ～ 100 d。

（2）缓苗期和开花着果期。

（3）结果期。

7. 薯芋类蔬菜物候期记录

（1）发芽期　马铃薯春季需要 25 ～ 35 d，秋季需要 10 ～ 20 d；生姜需 50 d；芋头约需 30 d；山药约需 35 d。

（2）幼苗期　马铃薯从出苗到团棵（6 ～ 8 片叶展平）为幼苗期，需 15 ～ 20 d；生姜需 70 d；芋头的叶和球茎并长期约需 40 ～ 50 d；山药从出苗到现蕾，并开始发生气生块茎为止，需 60 d。

（3）发棵期　马铃薯从团棵到开花为团棵期，需 25 ～ 30 d；生姜的旺盛生长期从“三股杈”直至收获约 80 d；芋头的球茎生长盛期需 60 d 左右；山药从现蕾到块茎收获为止，需 60 d。

（4）结薯期　马铃薯从开花到薯块收获为结薯期，需 30 ～ 50 d；

六、实验报告

按照蔬菜各阶段物候期的特性并记录物候期。

实验二十二　蔬菜的形态记录及田间管理技术

一、实验目的

掌握蔬菜形态记录的各指标以及各项田间管理技术。

二、实验原理

当蔬菜幼苗长到一定大小后，从分苗移植到田间定苗，根据后期植株生长大小，预留一定的空间，加大行间距，有利于秧苗生长发育良好，同时能充分发挥群体的增产作用，达到充分利用光能、地力和空间，从而获得高产，通过蔬菜植株形态记录，掌握植株长势，制定合理有效的田间管理技术，提高蔬菜的产量和品质。

三、实验材料及用具

苗期秧苗若干、锄头、铁锹、喷壶、竹竿、尼龙绳、复合肥等。

四、实验内容及步骤

1. 中耕

大多数蔬菜需要间苗、定苗或移苗、定植以及多次灌溉，仍然需中耕除草，才能获得高产。中耕除草，可减少杂草，以免与蔬菜争水、争肥、争光。冬季及早春中耕有利于提高土温，促进蔬菜根系发育。同时也切断表土的毛细管，减少毛细管水的蒸发而起到保墒的作用。

由于蔬菜的种类不同，蔬菜的再生与恢复能力有所差异，中耕的深度也有所不同。番茄等根的再生能力强，切断老根后容易发生新根，可增加根系的吸收面积，宜深中耕。黄瓜、葱蒜类根系较浅，根受伤后再生能力较差，宜浅中耕。苗小时中耕不宜太深，株行距小的中耕宜浅些，一般中耕深度为 3 ～ 5 cm 或 10 cm。

2. 除草

在一般情况下，杂草生长的速度远远超过栽培的蔬菜，而生命力极强，如不加以限制，很快就会压倒蔬菜的生长。杂草除了夺取蔬菜生长所需要的水分、养分和光照外，而且常常是病虫害潜伏的场所。许多害虫是在杂草丛中潜伏过冬的，如危害十字花科的菜青虫等，十字花科的许多杂草还滋生白菜根腐病菌。此外，还有一些寄生性的杂草，如菟丝子能直接吸收蔬菜体内的养料，因而要及时除草。

除草的方法主要有三种，即人工除草、机械除草及化学除草。人工锄草效率低。机械除草比人工除草效率高，但只能除去行间的杂草，株间的杂草因与蔬菜距离近，用机械容易伤苗，故还需用人工辅助除草。

化学除草是利用化学药剂防除杂草，化学除草剂按其对植物的作用方式，可分为选择性的（只杀死杂草而对蔬菜无害）和非选择性的（蔬菜、杂草都能杀死）两种。按除草剂在蔬菜体内能否移动，可分为触杀型（在蔬菜内不能移动，对杂草起局部触杀作用）和内吸型（在蔬菜体内可移动）两种。

3. 培土

培土即在植株生长期间将行间的土壤分次培于植株的基部，往往与中耕除草结合进行。培土对不同蔬菜有不同作用。大葱、韭菜、芹菜等蔬菜，培土后可以促进其植株软化，提高产品质量。马铃薯、芋头、生姜等蔬菜，培土后可以促进地下茎的形成。容易发生不定根的番茄、南瓜等，培土后能促进不定根的发生，扩大根系吸收面积。此外，培土还可以防止植株倒伏，起防寒、放热等多方面作用，马铃薯或甜椒种植时，加深畦沟深度，保证灌水时“小水勤浇”原则，使灌溉水不漫到垄（畦）面上，防止土传病害的发生蔓延，而且还可以降低6月以后夏季地膜下土温过高，保护根系不致早衰。

4. 整枝与搭架

整枝搭架是蔬菜植株调整的主要措施，可使田间通风透光良好，提高蔬菜植株对光能的利用率，平衡营养器官与产品器官的生长，减少病虫危害，有利于增加单位面积上的株数，提高前期产量及总产量，改进产品器官品质。

（1）摘心及打杈　摘除植株的顶芽叫摘心，摘除侧芽叫打杈。番茄、瓜类、豆类等若任其自然生长，则枝蔓繁盛，而结果不良。摘心的时期，依蔬菜生长发育的特性不同而异。如番茄是在最后一穗果开花后留 2 ～ 3 片叶摘心。南瓜、冬瓜、西瓜在坐瓜后，留一定数量的叶片摘心。黄瓜以主蔓结瓜为主的品种，在最后一瓜开花后，留 1 ～ 2 片真叶摘心；以主侧蔓结瓜的品种，当主蔓长到 20 ～ 30 片真叶后摘心。瓠瓜、甜瓜等都用侧蔓结瓜，多在第 4 ～ 8 片真叶时摘心，以促进侧蔓早抽生、早开花、早结果。打杈的多少及时期，也因蔬菜的生长习性及栽培目的不同而已。如番茄侧芽全部摘除，只留主干延长生长，称单干整枝；留第一穗果同节的侧芽与主干同时生长，称双干整枝。打杈的时候，原则是有杈就打。因侧芽的发生及生长速度时有变化，不宜规定准确时期，一般是当侧芽长到 5 ～ 10 cm 长时进行，这时侧芽既幼嫩又有一定大小，便于操作，同时可减少对根系的抑制影响。

（2）摘叶　蔬菜植株下部的老叶，尤其是黄叶或病叶，光合作用微弱，所制造的同化物质量少于其本身呼吸消耗量，因此在生长期的发生和蔓延，减少养分消耗，促进植株良好发育。应及时摘除，以利通风透光，集中肥水供应，促进壮龄叶的同化功能。

（3）束叶　是对株型较大的大白菜、花椰菜等叶（花）球的一项管理措施，一般在大白菜生长后期，将其外叶束起，促使包心紧实，叶球软化，并能保护心叶免遭冻害，同时能达到增加光照、提高低温、促进根系吸收水肥的作用。在花椰菜的花球将成熟之前，将部分叶片捆起来或折弯一部分叶片盖在花球上，使花球洁白柔嫩，品质提高，但束叶不能过早，否则会影响光合作用。

（4）花果管理　不同蔬菜种类的特性不同以及栽培目的不同，对花器和果实的调整也不同。①对于营养器官为产品的蔬菜，应及早去除花器，以减少养分消耗，促进产品器官形成，如大蒜、马铃薯等摘除地上部的花器官，有利于地下器官的膨大。②对番茄、西瓜、冬瓜等瓜类蔬菜疏除多余的花果及畸形果可促进留下的果实发育更好。③有些蔬菜在高温、低温、保护地等设施内不利于授粉受精，需保花保果。如番茄常用2，4—D促进坐果，对瓜类蔬菜多进行人工辅助授粉，对果菜类采取整枝搭架和肥水控制等栽培措施，促进保花保果的作用。

（5）压蔓搭架　南瓜、冬瓜、西瓜等瓜类蔬菜进行爬地栽培，为使其枝蔓分布均匀，受光良好，防风折伤，要进行压蔓。压蔓后会发生不定根，可增强根系吸收能力和防风作用，可使植株在田间排列整齐，茎叶均匀分布，更多接受光能，促进果实发育，提高产量和品质，且便于管理，压蔓次数、时期及方法因种类及具体条件的不同而异，一般都结合整枝进行。搭架对黄瓜、番茄、菜豆等蔓生蔬菜，可增加密度，提高叶面积系数，增强光合能力，减少病害等。搭架都须在蔬菜抽蔓之前支好。支架的形式有人字架、三脚架、四角架、篱架、直排架、棚架等。人字架较牢固，承受重量较大，适用于番茄、黄瓜等果实质量较大的蔬菜；四脚架适用于单干整枝的番茄、黄瓜、菜豆、豇豆等蔬菜，但植株上部拥挤，影响通风透光；篱架上下交叉呈篱笆状，支架较费工，适用于分枝性较强的菜豆、豇豆、黄瓜等；直排架适用于设施果菜类蔬菜，上部开展，通风透光好，但支架较费工，棚架适用于生长期长、枝叶繁茂的苦瓜、丝瓜、佛手瓜等蔬菜。

（6）吊蔓、绑蔓和落蔓　设施内为减少架竿遮荫，多采用吊蔓，即将尼龙绳一端固定在种植行上方的棚架或铁丝上，另一端用小竹棍固定植株根部，随着植株的生长，随时将茎蔓缠绕在尼龙绳上，使其保持直立生长。对于攀援性较差的黄瓜、番茄等蔬菜，利用麻绳、稻草、塑料绳等材料将其茎蔓固定在架杆上称为绑蔓，生产中多采用“8”字形绑缚，可防止茎蔓与架竿发生摩擦，绑蔓时要松紧适度，既要防止茎蔓在架上随风摆动，又不能使茎蔓受伤或出现缢痕。根据果实采收情况随时将茎蔓下落，盘绕于畦面上，使植株生长点始终保持适当高度。

5. 追肥

追肥是蔬菜生长期间施用的肥料，以速效性复合肥和充分腐熟的有机肥为主，施用量可根据基肥的多少、蔬菜种类和生长发育时期来确定。

（1）追肥

①地下埋施　在蔬菜行间或株间开沟或开穴，将肥料施入后覆土并灌水。

②地面撒施　将肥料均匀撒于蔬菜行间并进行灌水。

③随水冲施　将肥料先溶解于水中，结合灌水施入蔬菜根际。

（2）叶面喷肥　将配制好的肥料溶液直接喷洒在蔬菜茎叶上的一种施肥方法。此法可以迅速提高蔬菜所需养分，避免土壤对养分的固定，提高肥料利用率和施用效果。用于叶面喷肥的肥料主要有磷酸二氢钾、复合肥及可溶性微肥，施用浓度因肥料种类而异，浓度过高易造成叶面伤害。

6. 合理施肥的依据

（1）不同种类的蔬菜施肥不同，不同种类的蔬菜对养分吸收利用能力有差异，如白菜、菠菜等叶菜类蔬菜喜氮肥，但在施用氮肥的同时，还需增施磷、钾肥；瓜类、茄果类和豆类等果菜类蔬菜，一般幼苗需氮较多，进入生殖生长期后，需磷量剧增，因此要增施磷肥，控制氮肥的用量；萝卜、胡萝卜等根菜类蔬菜，其生长前期主要供应氮肥，到肉质根生长期则要多施钾肥，适当控制氮肥用量，以便形成肥大的肉质直根。

（2）不同生育时期施肥量不同，幼苗期根系尚不发达，吸收养分数量不太多，但要求很高，应适当施一些速效肥料；在营养生长期和结果期，植株需要吸收大量的养分，因此必须供给充足肥料。

（3）不同栽培条件肥料的施用量不同，沙质土壤保肥性差，施肥应少量多次，高温多雨季节，植株营养生长迅速，对养分需求量大，但应控制氮肥施用量，以免造成营养生长过剩，导致生殖生长延迟，在高寒地区，应增施磷、钾肥，提高植株的抗寒性。

（4）肥料种类与施用化肥的种类，肥料种类繁多，性质各异，施用方法不尽相同，铵态氮肥易溶于水，蔬菜能直接吸收利用，肥效快，但其性质不稳定，遇碱遇热易分解挥发出氨气，因而施用时应深施并立即覆土。尿素施入土壤后经微生物转化才能被吸收，所以尿素作追肥要提前施用，采取条施、穴施、沟施，避免撒施，弱酸性磷肥宜施于酸性土壤，在石灰性土壤上施用效果差，硫酸钾、氯化钾、氯化铵、硫酸铵等中性、生理酸性肥料，最适合在中性或石灰性土壤上施用。

7. 灌溉

（1）明水灌溉　包括沟灌、畦灌和漫灌等几种形式，适用于水源充足，土地平整的地块，明水灌溉投资小，易实施，适用于露地大面积蔬菜生产，但费工费时，土壤易板结。故灌水后要及时中耕松土。

（2）暗水灌溉

①渗灌　利用地下渗水管道系统，将水引入田间，借土壤毛细管作用自下而上湿润土壤。

②膜下暗灌　在地膜下开沟或铺设滴灌进行灌溉，省水省力，使土壤蒸发量降至最低，低温期可减少地温的下降，适用于设施蔬菜栽培。

（3）微灌

①滴灌　通过输水管道和滴灌管上的滴孔，使灌溉水缓缓滴到蔬菜根际，这种方法不破坏土壤结构，同时能将化肥溶于水中一同滴入，省工省水，能适应复杂地形，尤其是干旱缺水地区。

②喷灌　用低压管道将水流雾化喷洒到蔬菜或土壤表面。喷灌雾点小，均匀，土表不易板结，高温期间有降温、增湿的作用，适用于育苗或叶菜类生产。但喷灌易使植株产生微伤口，加之高温高湿，易导致真菌病害的发生。

8. 合理灌溉的依据

（1）根据气候变化灌水低温期尽量不浇水、少浇水，可通过勤中耕来保持土壤水分。必须浇水时，要在冷尾暖头的晴天进行，最好在午前浇完。高温期间可通过增加浇水次数，加大浇水量的方法来满足蔬菜对水分的需求，并降低地温。高温期浇水最好选择在早晨或傍晚。

（2）根据土壤情况浇水，土壤墒情是决定是否浇水的主要因素，缺水时应及时灌水，对于保水能力差的沙壤土，应多浇水，勤中耕；对于保水能力强的粘壤土，灌水量及灌水次数要少，盐碱地上可明水大灌，防止返盐；低洼地上，则应小水勤浇，防止积水。

（3）根据蔬菜种类、生育时期和生长状况灌水

①根据蔬菜种类灌水　对白菜、黄瓜等根系浅而叶面积大的种类，要经常灌水，对番茄、茄子、豆类等根系深而叶面积大的种类，应保持畦面“见干见湿”，对速生性叶菜类应保持畦面湿润。

②根据不同生育期进行灌水　种子发芽期需水多，播种要灌足播种水；根系生长为主时，要求土壤湿度适宜，水分不能过多，以中耕保墒为主，一般少灌或不灌，地上部功能叶及食用器官旺盛生长时需大量灌水。始花期，既怕水分过多，又怕过于干旱，所以多采取先灌水后中耕；食用器官接近成熟时期一般不灌水，以免延迟成熟或裂果。

③根据植株长势进行灌水　根据叶片的外形和色泽深浅、茎节长短、蜡粉厚薄等，

确定是否要灌水。如露地黄瓜，如果早晨叶片下垂，中午叶萎蔫严重，傍晚不易恢复，甘蓝、洋葱叶色灰蓝，表面蜡粉增多，叶片脆硬等状态，说明缺水，要及时灌水。

五、实验报告

根据具体蔬菜的生长习性进行培土、摘心、打杈、压蔓、、搭架吊蔓、绑蔓和落蔓等生产管理技术，并总结每种管理技术的要点。

实验二十三 植物生长调节剂在蔬菜上的应用

一、实验目的

通过本实验掌握各种植物生长调节剂在蔬菜生产中的作用和生长调节剂的施用方法。

二、实验原理

植物生长调节剂是人工合成的类似天然植物激素的化合物，在一定条件下它和天然植物激素一样具有调节生长发育的作用。从而使作物达到早熟、高产、优质的目的。

三、实验材料及用具

花期的番茄植株、黄瓜植株；植物生长调节剂（如2,4—D、番茄灵、乙烯利、赤霉素等）；蘸花用小盒、毛笔、小型喷雾器、红钢笔水、烧杯、量筒、玻璃棒、天平等。

四、实验内容

1. 促进枝条或叶芽扦插生根

吲哚丁酸的药效较稳定，能刺激植株产生强壮的根系，但价格较贵；萘乙酸价格较低廉，但在水中易分解，在植物体中也不稳定，长出的根系虽粗壮，但对芽的生长有一定的抑制作用，所以最好两者混合后使用。苯氧乙酸、2,4—D、2,4,5—T、萘乙酰胺也能促进生根，但对枝梢的发育有抑制作用。

白菜扦插生根：用2 000 mg/kg的萘乙酸快速浸蘸白菜的叶芽扦插小块，有良好的促根作用。

番茄扦插生根：利用长8～12 cm的番茄侧枝作插条，伤口经自然干燥愈合后，浸在吲哚乙酸100 mg/kg或萘乙酸50 mg/kg溶液或两者混合液中约1 min，取出经清水冲洗，再插入清水中，或直接浸在吲哚乙酸0.1～0.2 mg/kg溶液中。水插温度白天为 22 ～ 28℃，夜间为 10 ～ 18℃，7 d 左右即可发根成苗，水插效果较土插好，取顶端侧芽作插条较取中段侧芽生长快，开始结果早。

2. 控制休眠与发芽

（1）打破休眠、促进发芽

种子或块茎收获后往往由于胚发育不全、胚在生理上不成熟、种子透性不好及有萌发抑制剂如脱落酸等的存在，因此需要经过一段时间休眠后才能萌芽。用生长调节剂来处理可以打破休眠、促进萌芽，应用于马铃薯二季作栽培的效果是比较显著的。马铃薯夏季收获后要经一段时间休眠才能萌芽，便推迟了马铃薯二季作的栽植期，且出芽不整齐，大大影响了秋薯的产量。用生长调节剂处理的方法是，严格挑选种薯和消毒切块，浸在 0.5 ～ 1 mg/kg 的赤霉素中约 10 min，捞出后晾干，放在潮湿的砂床上催芽，待芽长 3 cm 左右取出，放在散射光下绿化 1 ～ 3 d 即可栽植。采用整薯播种时，待芽长 3 cm 左右取出，放在散射光下绿化 1 ～ 3 d 即可栽植。采用整薯播种时，休眠期长的品种，可用赤霉素 2 ～ 5 mg/kg 浸 1h。赤霉素还可打破食用大黄的休眠，促进发芽。

莴苣的一些品种发芽时需要光的刺激作用，如不照光，即使在适宜的温度和湿度下也不会发芽，如果用赤霉素处理可以提高发芽率，赤霉素仅代替了光的作用。

乙烯利也有打破休眠、促进发芽的作用。马铃薯用 50 ～ 200 mg/kg 浸种，利于萌发，可使芽数增多，并延缓其种性退化。

（2）抑制发芽、延长休眠

利用生长调节及可以有效地抑制蔬菜贮存器官如块茎、鳞茎等在贮藏期中的发芽。如用萘乙酸甲酯抑制马铃薯在贮藏期中的发芽是极其有效的。方法是用浸透萘乙酸甲酯的纸条和薯块混合在一起贮藏，或将药液与滑石粉或土壤混合后与薯块一起贮藏，或将药液直接喷在薯块表面，每 100 g 萘乙酸甲酯可处理薯块 1 t（浓度为 100 mg/kg）。经过处理的马铃薯在 10℃下可贮藏 1 年，在普通室温下也可贮藏 3 ～ 6 个月。此外，用吲哚丁酸、2,4—D 甲酯或马来酰肼处理马铃薯块茎也有效果。如在马铃薯收获前 3 ～ 4 周用马来酰肼 2 500 mg/kg 叶面喷洒，可破坏顶芽，使马铃薯在一年内不发芽。

甜菜、胡萝卜等肉质根也可用类似的方法处理以抑制发芽。但洋葱、大蒜等鳞茎用萘乙酸甲酯处理，对防止贮藏期中萌芽没有效果，而需用 MH 来处理才有效。方法是鳞茎采收前 2 ～ 3 周，用马来酰肼 2 500 mg/kg 在田间叶面喷洒，就可以使洋葱、大蒜等贮藏 8 个月不发芽。由于用马来酰肼来处理破坏了鳞茎的顶芽，故留种用的鳞茎不能用 MH 来处理。胡萝卜、甜菜等用马来酰肼 1 000 ～ 2 500 mg/kg，在收获前 2 ～ 3 周进行叶面喷洒也有效。

（3）控制植株的生长与器官的发育

①促进生长、增加产量　赤霉素对绿叶蔬菜促进生长、增加产量的作用是明显的。芹菜、菠菜、茼蒿、苋菜、莴苣等，在采收前 10 ～ 20 d 全株喷洒赤霉素 20 ～ 25 mg/kg 共 2 ～ 3 次，芹菜、菠菜可以增加植株高度、叶面积和分枝数；茼蒿、苋菜可增加植株高度及分枝数，从而可较对照增产 10% ～ 30%。

经过赤霉素处理的植株叶色较淡，有一时失绿现象，几天以后可以恢复正常，但促进生长的作用也渐消失，需要再次喷药才会促进生长的作用。赤霉素的增产效果与蔬菜种类、品种的特性，处理时的温度、光照及肥水管理有很大关系，条件适合时增产效果明显。

赤霉素还可以提高软化栽培时蔬菜的品质。芹菜用 2 ml 的赤霉素 10 mg/kg 点浇每株中心部分，可以使芹菜叶柄洁白、品质提高。其他绿叶蔬菜也有类似效果。

赤霉素对绿叶蔬菜虽有增产作用，但出于经济上的考虑，在生产上应用仍较少，同时是否会产生其它副作用还需进一步研究。

②抑制徒长、培育壮苗　无限生长型的番茄和黄瓜品种在多肥水条件下容易徒长，应用矮壮素 250 ～ 500 mg/kg 进行土壤灌溉，每株用量 100 ～ 200 ml，处理后 5 ～ 6 d，茎的生长减缓，叶片浓绿，植株矮壮，这样的减缓作用可持续 20 ～ 30 d，此后又恢复正常生长。茎的生长减缓和叶片加厚有利于开花结实，也增加了植株抗寒、抗旱的能力。

用比久在菜豆盛花期和结实期喷洒，可以提高豆荚品质，减少纤维含量。马铃薯在块茎形成时，用比久 3 000 mg/kg 叶面喷洒能抑制地上部生长，使大部分花蕾与花脱落，产量可较对照增加 37%，其中中小型薯块的比例也增加。

③催熟　乙烯利是一种可以释放乙烯的生长调节剂，它的主要作用是催熟。如用 500 ～ 1 000 mg/kg 处理田间已充分长大的番茄青果，可以促进果实红熟，提早采收。但要注意不要喷在植株叶面上。也可在果实采收后作浸果处理，在番茄果实转色期，用乙烯利 2 000 ～ 3 000 mg/kg 浸果，可提早转红 2 ～ 3 d。如在田间涂果也可提早红熟 4 ～ 6 d。用乙烯利 200 ～ 500 mg/kg 处理西瓜，或 500 ～ 1 000 mg/kg 在甜瓜收获前 5 ～ 7 d 进行处理，或用 1 000 mg/kg 浸西瓜 10 min，均可达到催熟作用。

（4）控制瓜类的性别表现

瓜类的花是两性花，在分化的过程中由于激素水平不同，会影响其性别的分化，故瓜类蔬菜可以在花芽为分化时，通过植物生长调节剂来控制其性别表现。另外，瓜类作物的性别分化受环境条件影响较大，如增施氮肥、提高湿度、低温短日照处理、CO_2 处理，均可增加雌花。黄瓜的处理效果与栽培季节有很大关系，春黄瓜为了避免“花打顶”现象，同时春季的低温、短日照可以满足黄瓜对雌花分化的要求，一般不用乙烯利处理，而靠自然条件。而秋黄瓜的苗期正赶上高温、长日照，这种自然条件利于雄花分化，因此常常用乙烯利处理来促进雌花分化。使用乙烯利最好的温度范围为 20 ～ 30℃，常用浓度为 100 ～ 200 mg/kg。对于秋季直播的黄瓜，因其营养生长旺盛，一般处理 2 次，分别在一叶一心期和 5 ～ 7 片真叶期各处理一次；对于秋季育苗的黄瓜，因其营养生长不如直播旺盛，一般在一叶一心期处理 1 次即可。在一叶一心期进行处理可以解决根瓜以上的瓜，在 5 ～ 7 片真叶期进行处理可以解决腰瓜、根瓜以上的瓜。

对于南瓜可在 1 ～ 4 叶期，瓠瓜在 4 ～ 6 叶期，甜瓜 2 叶期用乙烯利进行处理。

瓜类蔬菜利用赤霉素 50 ～ 100 mg/kg 处理可抑制雌花着生而出现雄花。对于赤霉素诱导全雌系产生雄花的方法是用浓度 100 mg/kg 的赤霉素，处理的时期不宜太早，特别是处理雄株率不高的品系。处理过早，雌性型尚未表现出来，处理太迟则留种困难，一般在 4 ～ 5 叶期处理。

乙烯利或赤霉素使用时期最好选在傍晚，气温不宜过高，使药剂种的水分不能很快蒸发。

（5）控制器官脱落

生长调节剂可用于防止果菜类落花落果。如番茄、茄子、甜椒等在早春低温时容易落花，如用 10 ～ 20 mg/kg 的 2,4—D 蘸花可以防止落花。其缺点是蘸花耗费劳力较多，如果喷花则易沾在茎叶上，产生药害。2,4—D 只能涂花或蘸花，不可喷花。

（6）药剂的配制

① 2,4—D 全称 2,4—二氯苯氧乙酸，主要剂型有 80% 钠盐水溶性粉剂和 72% 丁酯乳油。易溶于乙醇等有机溶剂，难溶于水，因此配制时，将粉剂或乳油溶于少许乙醇中，再与水相溶到可使用的浓度。一般高温期使用低浓度，低温期使用高浓度。

②番茄灵　主要剂型有 95% 粉剂和 1% 乳油。易溶于乙醇等有机溶剂和热水中。配制时将粉剂或乳油溶于少许乙醇中，再与水相溶到可使用的浓度。

③乙烯利　主要剂型为 40% 水剂，易溶于水及有机溶剂乙醇、丙酮等。

④赤霉素　主要剂型有 80% 粉剂和片剂、4% 乳剂。易溶于乙醇等有机溶剂，难溶于水。配制时将粉剂或片剂溶于少许乙醇中，再与水相溶到可使用的浓度。常用浓度 50 ～ 100 mg/L。

五、实验步骤

1.2,4—D 对金属具有腐蚀作用，配制药液时不同使用金属容器。由于 2,4—D 溶液直接沾染到嫩枝及幼芽上时，会发生药害，所以使用时应采用蘸花法或涂花法，而不采用喷花法，以免产生药害。

2. 利用 2,4—D 和番茄灵进行保花保果时，在配制药液时加几滴红色染料或红墨水以防重复处理时引起药害。高温期使用浓度，低温期使用高浓度。

3. 乙烯利应在碱性条件下易分解，因此不能与碱性药剂混合使用，要随配随用。乙烯利属于强酸性，能腐蚀金属、皮肤、调配和存放要使用塑料容器。

4. 赤霉素使用时不能与碱性药剂混合，要随配随用，不要长时间存放，药剂在低温干燥条件下贮存。

六、实验报告

1. 完成番茄蘸花、涂花和喷花的保花保果过程。

2. 完成黄瓜赤霉素、乙烯利药液处理进行性别控制的过程。

3. 分析 2,4—D、番茄灵使用时的注意事项。

实验二十四　蔬菜中耕除草技能训练

一、实验目的

掌握蔬菜中耕除草技能。

二、实验原理

中耕除草是传统的除草方法，蔬菜在生长期间的杂草通过人工中耕和机械中耕可及时防除杂草。中耕除草针对性强，干净彻底，技术简单，不但可以防除杂草，而且给蔬菜提供良好的生长环境，在蔬菜整个生长期中需多次进行中耕除草，可促进土壤疏松，土壤孔隙度增大，促进土壤内空气流通，有利于土壤微生物繁殖和活动，调节土壤的肥、水、气、温状况，为植物根系发育创造条件；杂草因其发芽早、繁殖快、适应性强，与植物争光、水、肥等，特别是在苗期，同时又是多种病虫害的中间寄主或越冬寄主，适时消灭杂草是保证蔬菜正常生长的重要措施。

三、实验材料及用具

苗期秧苗若干，锄头、喷壶、除草剂等。

四、实验内容及步骤

1. 中耕除草时要抓住有利时机除早，除小，除彻底，不得留下小草，以免引起后患。群众中耕除草总结出“宁除草芽，勿除草爷”，即要求把杂草消灭在萌芽时期。

2. 中耕质量标准。每次中耕都要达到土壤疏松，地面干净、平整一致，不伤苗、不压苗、不埋苗。幼苗及移栽缓苗后，植株个体小，大部分土面暴露于空气中应及时中耕，可以有效减少杂草的发生。当幼苗逐渐长大、枝叶覆盖地面、杂草发生困难时，根系已扩大到株间，应停止中耕，否则易因中耕损伤根系，影响植株的生长发育。

3. 及时中耕除草。中耕除草是苗期田间管理的一项重要工作，是促下控上、增根壮苗的主要措施。苗期一般可中耕 2 ～ 3 次，深度掌握先浅后深的原则，结合间苗、定苗第一次中耕宜浅，以 3 ～ 5 cm 为宜；第二、三次中耕应在定苗后到拔节前结合第一次追肥进行，7 ～ 14 cm 为宜。敏感作物间作地块要进行人工除草。

4. 了解除草剂的除草对象和使用说明，严禁用药过大或过小，既要保证除草效果，又不影响蔬菜的生长。除草剂使用时，以土壤表面湿润为原则，利于药膜形成，达到封闭地面的作用。干旱的年份，浇水后立即喷药。喷后下雨，药效流失，应再次喷药。

5. 及时正确施用除草剂。掌握在上午 9 点前或下午 5 点以后的无风天气进行。做到不重喷、不漏喷，喷药适量均匀。

6. 化学除草剂的应用，受三大因素影响，除草剂类型、植物和环境。例如有机磷类的除草剂选择性较差，对大多数植物都有伤害，因此不适宜用于农田除草，常被用在非农田地的除草上。又如苯氧羧酸类除草剂，易挥发，喷洒时要注意选择天气，特别要避开高温干旱天。而且这类的除草剂对于甜菜、向日葵、葡萄等的危害很大，即便附近用药也有可能危害到这些作物，一些杂草的生理特点不同，比如不同的吸收体系，即除草剂进入植物体的途径，决定除草剂的有效使用方法，茎叶除草剂一般将除草剂喷洒在杂草的茎叶上，除草剂被茎叶吸收并能向植物体其他部位传导，起到灭杀杂草的功效，一般杂草出现后使用；根、幼芽吸收的除草剂，只能作土壤处理，一般在杂草出现前使用可以预防未出土的杂草，对已出土的杂草效果较差。

7. 一般除草剂根据在杂草内的传导差异，可分为触杀型和吸附型除草剂。触杀型的除草剂一般不具有传导的作用，直接对植物造成外伤，药效明显迅速，可直接杀死接触的植物。这类除草剂要求喷洒均匀，对植物所有叶片最好都能喷洒到位，避免因喷洒不均匀造成植物伤而不死。吸附型则是通过吸收传导作用于植物整体的除草剂，可以通过部分接触除草剂而使植物全株受害。

8. 灭生性除草剂又称为非选择性除草剂，它对植物的伤害无选择性，不能区分作物与杂草，不加选择地杀死各种杂草和作物。选择型除草剂则可以具有选择性的杀死植物，既能杀死杂草而又不伤害作物，或是能选择性杀死部分杂草，具有这种选择特性的除草剂称为选择型除草剂，目前使用的除草剂大多数属于选择性除草剂。

9. 除草剂在使用过程中，误用、乱用除草剂，过量或过浓使用除草剂，不注意施药隔离和风向导致农药漂移，长时间大量使用同种除草剂等，都会导致除草剂产生危害。使用过量的除草剂或使用不正确的除草剂类型，或没有按照除草剂使用要求的方法使用除草剂，可能造成杂草无法除净影响农作物正常生长，或者农作物受到除草剂影响造成农作物生长受损，抵抗力降低，生长发育异常，造成农作物药害、病害，造成农作物减产。

10. 如果长时间大量使用除草剂后大量杂草死亡，土壤中只留存有作物的根系，达不到保持水土的根系密度，从而导致耕地表层最肥沃的土壤的流失；同时可能会导致土壤中除草剂成分渗入地下水中，影响地下水安全；会造成土壤中生物数量的减少，土壤中生物的数量取决于有机质的多寡以及土壤植被的多样性，在大量施用化肥的基础上以及耕地植被的单一性，极大的减少了土壤生物的数量；会使土壤微生物群落数量的降低，大量的施用除草剂，耕地中植物过于单一，无法补充足够的有机物，土壤微生物繁殖与活动的能量来源大幅减少，从而影响了土壤的生态平衡、肥力，对后期种植农作物产生不良影响。长期使用同种除草剂或大剂量综合使用各种除草剂，会导致某些杂草被灭杀，其他杂草生长因缺少竞争而大量生长，导致生态发展不平衡。并且在长期使用同种除草剂的情况下，可能导致一些杂草产生一定程度的耐药性，导致具有耐药性的杂草更多滋生，不能起到去除杂草的目地。

11. 若使用了错误除草剂或除草剂浓度过高，造成农作物或邻近农作物受害，为减轻其危害，可以对作物进行清水淋洗，多次喷淋，可在最大程度上减轻除草剂对作物的伤害，降低农作物药害的发生。若是在特殊情况下如碱性条件下易分解的除草剂，则可以使用适当使用 0.2% 生石灰用清水稀释后喷淋叶面，及时清除除草剂。同时及时对作物进行清水浇灌，保证作物可以充分补水，达到稀释除草剂药剂，并随水排出农田。

12. 在及时清除过量除草剂或错误种类除草剂后，应当按照作物需求进行追肥，充分保证作物所需营养，提高作物抵抗力，促进作物正常生长。例如增施尿素可以促进根系发育和新叶再生，有效缓解除草剂带来的药害问题。

13. 适当增加中耕次数，达到疏松土壤、增强土壤透气性、破坏土表药剂层、稀释土表除草剂浓度、减轻除草剂在土壤中的残余活性的目地。中耕可疏松表土、增加土壤通气性、提高地温，促进好气微生物活动和养分有效化、去除杂草、促使根系伸展、调节土壤水分状况，保障作物生长发育。

14. 因为除草剂作用原理复杂，不同的除草剂需要通过一定的使用方法才能充分发挥除草剂的作用，所以多了解除草剂分类及特点，按照说明要求严格科学用药，不要盲目选择除草剂，在喷药过程中选择合适的天气条件及喷药时间，严格按照说明配药，掌握好最佳浓度，不得随意增加喷药量及喷药浓度，现配现用，提高喷药技术，先上后下，先内后外，先迎风面后背风面，做好喷药器具的选择，合理轮换除草剂。

15. 正确确定用药量：根据蔬菜种类、苗岭、生长情况、土壤、天气等正确确定药量。

16. 土壤处理：要做到地面平整、土壤细碎松软，并保持湿润状态。

五、实验报告

掌握蔬菜中耕锄草的技术要点。

实验二十五　蔬菜常见病虫害调查及防治技术

一、实验目的

掌握蔬菜常见的病虫害的发生动态并根据病虫发生的状况进行合理的防治措施。

二、实验原理

由于蔬菜种植结构复杂，品种生育期及栽培方式不一，茬口布局多样，病虫种类多，生育期复杂，夏秋蔬菜虫害发生猖獗，化学农药使用频繁，因此需要根据田间病虫的发生动态准确选用施药的方式和计量，并制定合理的耕作措施进行防控病虫害发生。

三、实验材料及用具

各种药剂。

四、实验内容

1. 蔬菜病虫害发生的特点

（1）病虫害种类多　栽培品种单一、同一地块上多次连作、土壤盐渍化严重等问题，是非常利于病菌与害虫繁殖，而且病虫害种类十分多样。同时不同蔬菜的常见病虫害种类也有着很大的差别，比如说黄瓜常见病虫害有黑星病、霜霉病、菌核病、温室白粉虱等，而番茄常见病虫害有晚疫病、灰霉病、猝倒病、茶黄螨等，给蔬菜病虫害防治工作难度加大。

（2）传播速度快　一般来说农作物病害都是病原菌造成，湿度高、光照差、温度适宜的环境恰恰为病原菌孢子的生长过程创造了非常良好的条件，病菌的侵染速度大大加快，极易蔓延成灾，这也是蔬菜病害传播速度快的主要原因。在虫害方面由于大棚属于封闭环境，温湿度适宜的环境又十分适合很多虫卵的孵化，为害虫繁殖创造了有利条件。

（3）发生规律复杂　蔬菜的越冬期通常较短，蔬菜的育苗与栽培工作全年都处于连续的状态，这也就意味着病虫害寄主会连年存在，很多本应在冬季休眠越冬的病虫就会一直繁殖。南方地区蔬菜病虫越冬期缩短或无越冬期，使得蔬菜病虫害初次侵染基数和再侵染次数与害虫发生代数都较高，同时病虫害发生规律自然十分复杂。

2. 蔬菜苗期主要病害

（1）猝倒病　又称卡脖子病是各种蔬菜苗期的重要病害。种子在萌发后出土前受侵染可造成烂种，幼苗出土后在茎基部呈现水渍状，病部随即缢缩凹陷，幼苗猝倒。地面潮湿时病部表面出现白色绵毛状霜菌。可危害瓜类、茄果类和叶类蔬菜等。

（2）立枯病　刚出土幼苗及大苗均可发病。病苗茎基变褐，后病部收缩细缢，茎叶萎垂枯死；稍大幼苗白天萎蔫，夜间恢复，当病斑绕茎一周时，幼苗逐渐枯死，但不呈猝倒状。可危害瓜、茄果、豆及叶类蔬菜等。

3. 蔬菜营养生长期及开花结果期的主要病害

（1）晚疫病　危害茄果类蔬菜的茎、叶、果实等部位，叶片染病多从下部叶片开始，叶片上病斑多从叶尖或叶缘开始发生，形成暗绿色水渍状边缘不明显的病斑，扩大后呈褐色，形状不规则，稍凹陷，边缘有明显的白色霉状物，干燥时病部干枯，脆而易裂。

（2）枯萎病　危害茄果类蔬菜，开花结果期叶片发黄后枯死，维管束变褐。湿度大时病部产生粉红色霉层。病株折断无乳白色粉液溢出，有别于青枯病。

（3）白粉病　危害瓜类蔬菜的叶片、茎蔓。发病时叶片先褪绿，后叶片正反面长出白色粉末状物，病重时叶面似盖一层白粉，后枯黄，茎蔓萎缩。

（4）霜霉病　危害瓜类蔬菜叶片，先呈水渍状病斑后呈多角形淡褐色或黄褐色病斑，湿度大时叶面出现褐色霉层，叶缘卷缩干枯，一片枯黄。

（5）锈病　危害豆类蔬菜的叶片和茎蔓。初现边缘褪绿小黄斑，后中央稍突起，出现大深黄色夏孢子堆，表皮破裂，后呈紫黑色疮斑，有时叶面或背面可见凸起的白色疮斑，荚染病形成突出表皮疮斑。

4. 蔬菜常见的虫害

（1）蚜虫　包括菜蚜、桃蚜、甘蓝蚜，可危害十字花科、茄科、豆科、葫芦科蔬菜。蚜虫成虫和若虫群集为害叶背和叶心，刺吸汁液，造成叶片黄化、枯萎，并可传播病毒病。年发生 10 多代，世代严重重叠，具趋黄性。一般在春末夏初和秋季危害严重。

（2）菜粉蝶　危害十字花科植物，幼虫咬食菜叶，一年发生七代，于 4—5 月、10—11 月危害最重。

（3）豆荚螟　危害多种豆科植物，一年发生 6 ～ 7 代，以幼虫钻蛀豆荚内为害，除外还危害叶柄嫩茎。危害盛期在 6—9 月。

（4）螨类　包括朱砂叶螨、侧多实现满，主要危害茄果类、瓜类、豆类、叶菜类等。成若虫危害叶片成网纹使受害叶片增厚、变小、褪绿、卷曲、焦枯，引起落叶、落花、裂果，严重影响蔬菜产量和品质，一年发生 25 ～ 27 代，世代重叠，7 ～ 8 月高温季节发生严重。

5. 蔬菜病虫害的农业防治技术

（1）良种选育　在湿度高、光照弱、温差大环境下要选择种植蔬菜品种时要选择耐弱光性、耐湿抗性以及温度适应性都比较好的品种，同时还要注意对壮苗的培育，避免种苗混栽，对苗床土进行消毒，选择无病虫、发芽率高的种子，加强苗期的肥水及环境管理，及时做好病虫害防治措施，从而培育出苗齐、苗全、苗匀、苗壮的蔬菜种苗。

（2）土壤消毒　蔬菜种植前根据大棚蔬菜的常见病虫害，选择一些杀虫或是杀菌药剂与适量的细土均匀搅拌，之后撒施在地表并翻耕入土，从而达到土壤杀虫的效果。但在消毒过程中需要注意这几点：必须要明确常见病害，以免影响土壤消毒的效果；尽量结合具体常见病害的病发规律，选择最佳的消毒时机与用药量；注意保持床面表土湿润，以免因药力无法发挥而发生病害；从长期种植的角度考虑，坚持不同类型药剂的交替使用，避免持续使用同一种药剂而使害虫或病菌产生抗药性。

（3）栽培管理　坚持轮作换茬；发现病虫害后，及时清除病残体、病果，并进行销毁或深埋处理，减少病害基数；在前茬作物腾茬后，全面打扫大棚，尽量清除病菌与害虫，保证蔬菜生长期间增施有机肥，同时采取配方施肥的方式来满足各类蔬菜的具体养分需求。

（4）地膜覆盖　在蔬菜常见病虫害中，土传类病害由于防治困难、传播速度快等特点，因此对于这类病害可以选择高垄覆膜栽培的方式，在整土、除草等工作完成后立即紧贴洼面覆盖塑料薄膜，并在盖膜时边铺边压土，这样可以避免灌溉时蔬菜根茎长期泡在水里，降低土传病害的发生，起到提高地温、促进植株生长的效果。

（5）嫁接技术　蔬菜嫁接技术既可以提高蔬菜的产量，又能在病虫害防治方面也能够起到很好的效果。比如说当蔬菜出现黄萎病、根腐病等病害时，可以利用砧木完成蔬菜嫁接，可替换掉蔬菜的患病根系，使蔬菜植株的抗病性大大提升。

（6）蔬菜病虫害的其他防治技术

①植物检疫　它可分为对外检疫与对内检疫，植物检疫不仅能够实现对病虫害传播、扩散的有效控制，还能避免国际发生的病虫害进入国内，对于大棚蔬菜的病虫害防治有着非常重要的意义。

②物理防治　它适用的时间、病害种类乃至效果、方法都是不同的，因此需要根据实际情况进行选择。在夏秋季节，可以利用高温闷棚杀死土表及墙体上的病菌、虫

卵、线虫。选择黄板或灯光诱杀、设置防虫网等方法防治虫害。

③生态防治　它可分为利用天敌与生物农药防治两种手段，主要是针对蔬菜虫害。利用天敌实际上就是在大棚内释放天敌，以虫治虫。另外生物农药防治则是使用苏云金杆菌、白僵菌、杀螟杆菌、昆虫病毒制剂等非化学药剂对温室白粉虱等多种害虫进行防治。

④化学防治　它主要是对化学药剂的使用，在使用化学防治时总体上要坚持合理用药、科学用药的原则，同时也要避免连续用药、过量用药，尽量选择高效器械来减少用药量、增强药剂防治效果。

苗期病害的防治：按每平方米用 40% 五氯硝基苯粉剂 9 克与 50% 拌种双 7 克混匀，加细干土 4 ～ 5　kg 拌匀，取 1/3 药土撒在畦面上，播种后将剩余的药土均匀覆盖在种子上；也可在发病初期用 50% 多菌灵可湿性粉剂 600 倍液细喷雾或用 72.2% 普力克水机 600 倍液每隔 7 ～ 10 天喷一次或用 5% 井菌素水剂 1 500 倍液喷施。

晚疫病：用 72.2% 普力克水剂 800 倍液或 64% 杀毒矾可湿性粉剂 500 倍液或 70% 乙膦锰锌可湿性粉剂 500 倍液或 50% 甲霜铜可湿性粉剂 600 倍液每隔 10 d 一次，连喷 3 次。

枯萎病：发病初期用 50% 多菌灵可湿性粉或 30% 甲基硫菌灵悬浮剂 500 倍液喷洒或用 16.5% 增效多菌灵浓可溶剂 200 倍液灌根，每隔 7 ～ 10 d 用一次药，连续 3 ～ 4 次。

白粉病：发病初期 15% 粉锈宁可湿性粉剂 1 000 ～ 1 500 倍液或用 40% 多硫胶悬剂 300 ～ 400 倍液或 5% 硫磺悬浮剂 150 ～ 200 倍液或 25% 百科乳油 2 000 倍液或 2% 农抗 120 水剂 200 倍液喷雾，每隔 7 ～ 10 d 一次，连续 3 ～ 4 次。

霜霉病：播种前可用种子量 0.3% 的 25% 甲霜灵可湿性粉剂拌种；药治可用 40% 乙磷酸铝可湿性粉剂 150 ～ 200 倍液或 72.2% 普力克水剂 600 ～ 800 倍液或 64% 杀毒矾可湿性粉剂 500 倍液或 58% 甲霜灵锰锌或 72% 克露可湿性粉剂 600 ～ 800 倍液，亩喷药液 60 ～ 70 升，每隔 7 ～ 10 d 一次，连续防治 2 ～ 3 次。

锈病：发病初期用 15% 三锉酮可湿性粉 1 000 ～ 1 500 倍液或 25% 敌力脱乳油 3 000 倍液或 70% 代森锰锌可湿性粉 1 000 倍液加 15% 三锉酮可湿性粉 2 000 倍液每隔 15 d 喷洒一次，连续 2 次。

蚜虫：可亩施四季红 15 g 或阿克泰 2 g 配水 60 kg 细喷雾。

菜粉蝶：亩用 BT 千胜粉剂 50 ～ 80 g 或 1.5% 蔬丹 50 g。

豆荚螟：亩用 BT 千胜粉剂 50 ～ 80 g 或 1.5% 蔬丹 50 g。

螨类：亩施四季红 15 g 或阿克泰 2 g 配水 60 kg 细喷雾。

五、实验步骤

1. 观察蔬菜田间病虫害

统计各种蔬菜在不同季节病虫害发生的种类。

2. 防治

提前做好种子播前预处理。

改善栽培条件和耕作方式。

对已发生的病虫害进行诊断，开展相应的防治措施。

六、实验报告

将所观察到的蔬菜病虫害进行统计。

列出防治要点。

实验二十六　设施瓜类人工辅助授粉技术

一、实验目的

掌握设施瓜类人工辅助授粉技术。

二、实验原理

瓜类蔬菜是虫媒花作物，花期主要靠蜜蜂等昆虫传粉，早春季节低温阴雨天气，昆虫活动较少，容易导致授粉不良，外加设施封闭环境，昆虫数量更少，因此利用人工辅助授粉是瓜类蔬菜制种生产中合理利用花粉，提高结实率，增加产量的有效方法，才能保证坐果。

三、实验材料及用具

开花期瓜类蔬菜若干、毛笔、培养皿等。

四、实验内容

1. 坐瓜节位的选择

正确选择坐瓜节位，对于提高瓜类蔬菜的品质和产量都有重要意义。选择坐瓜节位的一般原则是设施栽培的瓜类，坐瓜节位可低些，西瓜一般早熟品种在主蔓第 12 ～ 15 节留瓜为好，中晚熟品种留瓜在主蔓第 20 ～ 25 节，黄瓜一般早熟品种在主蔓 3 ～ 4 节留瓜为好，中晚熟品种留瓜在主蔓的 5 ～ 6 节。

2. 选择雌花

雌花开放时子房的大小与坐果有密切关系，坐瓜节位的雌花子房大，茸毛多，果柄长而粗，容易坐果，并且果实大，产量高。相反，花瓣小，子房小而圆，花柄短、绒毛稀疏的雌花不易坐果，即使坐住果，果实个头小，品质差，产量低。

3. 雄花选择

雄花开放时，花粉已成熟，具有授粉能力。用于授粉的雄花应选择当天开放的、并且颜色鲜艳、花冠直径较大。

4. 确定最佳授粉时间和授粉完成时间

（1）最佳授粉时间　在晴天条件下，通常在上午 8 ～ 10 点雌花柱头和雄花花粉生理活动最旺盛的时机也是人工授粉的最佳时间。

（2）授粉完成时间　通常人工授粉完成时间以 7 d 为宜，如果 7 ～ 10 d 内授完粉，则坐果期集中，管理方便，采收期集中，并且果实大小均匀，产量高。

五、实验步骤

1. 人工授粉的方法有花对花和毛笔蘸粉

（1）花对花法　授粉时，轻轻托起雌花花柄，使其露出柱头，然后选择当日开放的雄花，连同花柄摘下，将花瓣外翻，露出雄蕊，将花粉在坐瓜节位雌花的柱头上轻轻涂抹，使花粉均匀地散落在柱头上，一般 1 朵雄花可以授 2 ～ 4 朵雌花。

（2）毛笔蘸粉法　摘下当天开放的雄花，将花粉集中到一个干净的器皿（如培养皿）中混合，然后用软毛笔或小毛刷蘸取花粉，对准雌花的柱头，轻轻涂抹几下，看到柱头有明显的黄色花粉即可。

（3）阴雨天授粉注意要点　如果瓜类蔬菜开花期阴雨天气较多，气温相对较低，影响正常的传粉，可提前 1 d 将雌花和雄花套上纸袋或用塑料夹夹住花瓣，授粉时取下纸袋进行授粉，温度低影响受精作用，可重复多次授粉，提高授粉结实率。

（4）授粉完毕后将授粉的花朵用塑料夹将把花朵夹住或将花朵套上纸袋并在授粉瓜节位挂上不同颜色的标牌进行标记，在标牌上注明父母本、授粉次数、授粉日期等信息，同时便于确定瓜的成熟期，做到适时采收。

（5）检查人工辅助授粉的效果　授粉后次日下午，如果雌花果柄弯曲下垂生长，子房前端开始触地，表明授粉成功。如果雌花果柄仍然向上或仍然向前伸直，一般来说是没有授上粉的表现。此时注意清理该植株上标记牌，重新选择雌花进行授粉。

六、实验报告

按照操作程序，根据授粉要求采用两种不同的授粉方法进行授粉。

列举授粉时需注意的要点。

第六部分

实验二十七　蔬菜的光合作用测定

一、实验目的

光合作用是植物体内最为重要的通话过程，植物利用光能将二氧化碳和 H_2O 合成有机物并释放 O_2 的过程。衡量光合作用强弱的重要指标是光合速率，也是判定植物新陈代谢强弱的重要因素。蔬菜的光合作用测定就是利用植物光合作用对二氧化碳吸收和 O_2 释放以及有机物合成的快慢来衡量光合速率。

二、实验原理

Li-6400 系列光合仪的气路是开放式，二氧化碳 /H_2O 分析器位于传感器的头部，与叶室紧密相连，缩短了气体流动中气路过长产生的误差，Li—6400 系列光合仪的传感器头部有两个完整的双通道，非扩散的红外气体分析仪，能够检测叶室的二氧化碳和 H_2O 的绝对浓度。

三、实验材料及用具

蔬菜植株，Li-6400 光合仪。

四、实验内容

1. 开机界面显示

第一行是 LI-6400XT 测定系统的名称；第二行是当前系统版本号 OPEN6.2；

第三行是用户存储空间已被占用的百分比；第四行显示的是当前时间和电池电压；

第五行显示的是操作系统主菜单，每个主菜单下都有一个红色的功能键 F1 到 F5，对应上面的功能菜单，主菜单具体介绍如下：

F1 对应 HomeMenu，主要介绍仪器版本号和部分用于维修诊断模式，不常用；

F2 对应 ConfigMenu，配置菜单，主要用于对当前程序配置或编辑；

F3 对应 CalibMenu，是校准菜单，所有校准工作均在此主菜单下进行；

F4 对应 NewMsmnts，是测量菜单，所有测量均在此菜单下进行，最重要；

F5 对应 UtilityMenu，是功能菜单，也较为重要。

2. 仪器状态的日常检查

（1）预热期间检查（开机时将两个化学药品管拧到完全 Bypass）。

（2）检查温度

①按字母 H，检查 h 行三个温度值 Tblock、Tair 和 Tleaf，是否合理，且彼此相差应该在 1℃以内；

②叶温热电偶的位置是否正确：直接测量叶片温度时，叶温热电偶的结点位置应高于叶室垫圈约 1 mm，保证夹叶片时能与叶片充分接触；如果使用能量平衡方法测量叶片温度，则叶温热电偶的结点位置应低于叶室垫圈 1 mm，确保夹叶片时，接触不到叶片。

（3）检查光源和光量子传感器

①检查光源是否工作，且工作正常。按 2，F5，设置光强，查看参数 g 行 ParIn 值和设置是否一致。（无光源该检查忽略）；

②检查 g 行 ParIn_μm 和 ParOut_μm 传感器是否有响应（遮光和挡光的区别）。

（4）检查大气压传感器

检查 g 行 Prss_kPa 值是否合理。一般在海平面大气压值约 100 kPa，海拔 300 米大气压约为 97 kPa，海拔 1 500 米约 83 kPa，且随天气变化，大气压可能会有 1 ～ 2 kPa 的变化。

（5）检查叶室混合扇

在测量菜单中，按 2，F1，（在旧版本 LI—6400 中为 3，F3），按字母 O 关闭，或按 5/F 打开叶室混合扇，将分析器头部放到耳朵旁边，听分析器头部声音是否随着风扇关闭、打开有变化，如果有变化，表示正常，检查后恢复到 FAST 状态。

（6）检查是否存在气路堵塞

①第一步：在测量菜单中，按 2，F2，设定流速 Target 为 1000，检查 b 行 flow 能否达到 650 以上（该值为标准大气压下的参考值，海拔升高后，该值会有所下降），如果都能达到，则说明气路在 Bypass 状态下没有堵塞；

②第二步：分别将药品管调节旋钮从 Bypass 一侧完全旋到 Scrub 一侧，检查其流速下降是否大于 20（先拧苏打管，检查流速变化情况；再拧干燥管，检查流速变化情况）；如果大于 20，同时在拧化学药品管时，伴随有较大噪声，则相应药品管存在气路堵塞。（检查后将流速调回至 500，药品管保持 Scrub 状态）。

常见堵塞地方是：化学管内过滤嘴；化学管顶部的两个聚乙烯透明管与金属连接处。

3. 预热后检查

（1）叶室的漏气检查

①将化学管调到完全吸收 Scrub 位置，然后在叶室周围吹气，如果 a 行样品室二氧化碳 S 的读数变化大于 2 $\mu mol.\ mol^{-1}$，说明叶室可能有漏气。

②常发生漏气的地方：上下叶室泡沫垫圈变形或位置松动；上下叶室的 O 形密封圈缺失；排气管没有连接或有裂口；叶室后部三孔泡沫垫圈位置松动。

（2）检查流速零点

①关闭泵（测量菜单，按 2，F2，按字母 O），然后关闭叶室混合扇（按 2，F1），按字母 O）；

②检查 b 行 Flow 是否在 ±2 μ mol. mol^{-1} 之间，如果在，表示正常；如果不在此范围，需进入校准菜单，进行 Flowmeterzero。

注意：完成后，将流速再调节回 500，将混合风扇设置在 Fast 状态。

（3）校准叶温热电偶的零点

拔开紫色插头，检查 h 行 Tblock 和 Tleaf 温度差值是否在 0.1℃以内，如果大于 0.1℃，则需要调节电位调节器进行校准，使得 Tleaf 和 Tblock 之间相等或相差 0.1℃以内。用一字型螺丝刀对分析器底部电位调节器进行温度校准，顺时针旋转 Tleaf 升高，反之降低，直到 Tleaf 基本等于 Tblock。完成后将紫色插头重新插好。

（4）检查匹配阀

单击 1，F5（MATCH），进入匹配模式。应看到匹配阀随之变动。当 F5 变为 MATCHIRGAs 后再单击 F5，完成匹配，等待 10 s 后，单击 F1exit 退出。

在系统进气浓度稳定并不漏气时进行匹配，匹配频度建议每次采集数据前进行匹配，退出匹配后待数据稳定了再按 Log 记录数据。

如果做实验时，需要改变进气二氧化碳浓度，如 A-Ci Curve，那么每改变一次二氧化碳浓度，必须进行一次匹配。

五、实验步骤

1. 非控制环境条件的测量步骤

（1）装好化学药品，连接硬件（如果使用 CF 卡，则插入主机后面固定小槽内）。

（2）开机，配置界面选择 Factory default，连接状态按－Y‖，进入主菜单，预热约 20 分钟。

（3）进行日常检查。

（4）打开叶室，夹好测量的植物叶片，确保不漏气。

（5）按 1，F1（OpenLogFile），选择将数据存入的位置（主机 orCF 卡），建立一个文件，enter，输入一个 remark，enter。

（6）等待 a 行参数稳定，b 行 Δ 二氧化碳值波动 <0.5 μ mol. mol^{-1}；c 行参数 Photo 参数稳定在小数点之后一位，其他在正常范围内（Cond>0、Ci>0、Tr>0），进行匹配（匹配方法：按 F5，match，读数稳定，按 F5，matchIRGAs，完成匹配，退出）。

（7）更换另一叶片，按 F4，添加 remark，重复（4）～（7）步骤，进行测量。每个叶片测量前可进行一次 Match。

（8）按 F3（Closefile），保存数据文件。

（9）导出数据。数据卡的数据请用读卡器导出，机器中的数据有两种方式导出。一种网线方式导出：取出数据卡，插入网络适配器，连接网线到电脑，在电脑上预先安装 LI—6400 XTerm 软件，双击 LI—6400 FileEx 打开图标后，选择以太网连接机器，打开 Windows 下的 File，右面窗口选择 User 下的数据，左面窗口选择计算机的存储位置。拖动右面窗口数据到指定位置即可。

（10）断开连接，关机后把化学管旋钮旋至中间松弛状态；旋转叶室固定螺丝，保持叶室处于打开状态。

（11）按 F1（Log）记录数据。

2. 光响应曲线测定步骤

测定前的准备工作：测定光响应曲线之前，要进行光诱导。在估测的饱和光强下诱导至稳定的最大净光合速率（Pmax）。此饱和光强不能太大，否则可能产生光抑制。确定最适诱导光强和诱导时间，大概 30 分钟左右。

（1）硬件安装与连接：安装红蓝光源；装好化学药品；连接硬件（如果使用 CF 卡，则插入主机后面固定小槽内）。

（2）开机，配置界面选择红蓝光源，连接状态按－Y‖，进入主菜单，机器进行预热。

（3）预热的同时按 F4 进入测量菜单；进行日常检查。

（4）在测量界面下，按 2，再按 F3（二氧化碳 Mixer），按上下箭头键选择 Control= 二氧化碳 S μ mol，设定 Target 二氧化碳浓度为环境二氧化碳浓度（约 400 μ mol. mol^{-1}），按 Keep。（可选择用钢瓶或者不用钢瓶，不用钢瓶时接好缓冲瓶）。

（5）在测量界面下，按 2，再按 F5，选择－PAR‖，在 Target 项 Edit，输入需要光强，例如 1200，KEEP。打开叶室，夹好叶片，闭合叶室，确保不漏气。

（6）按 1，F1，OpenLogFile，选择将数据存入的位置（主机 or CF 卡），建立一个文件，enter，输入一个 remark，enter。

（7）按 5，F1（Autoprog），进入自动测量界面，按上下箭头键选择 LightCurve2，按 F5，Select 进入，命名文件，enter，添加 remark，enter，出现 Summary，lampcontrol 选择控制光 lamp，选择 Setpts，单击 Edit 后将光标移到最左边，输入光强梯度，查看完整的光强梯度，可以自高到低设定光强梯度如 1500、1200、1000、800、600、400、200、150、100、50、20、0（注意数值间一定空格间隔，上面数值仅供参考），enter 后，出现 Stability wait 在 Minimum waittime（secs）

下单击 Edit：设定 120，enter，在 Maximum waittime（secs）下单击 Edit：设定 200，enter，在 Match beforelog 下选择 always，设定 Post-match recoverymin 为 15 s，Post-match recovery max 为 30 s。按 START，进入自动测量，等待测量结束，J 行的 Progprgs 运行结束，而且功能行第 5 行的 * 消失。

（8）按 1，F3（Closefile）保存文件。更换叶片，重复（4）～（8）步骤。

（9）导出数据。同非控制环境条件的测量步骤。

（10）断开连接，关机后把化学管旋钮旋至中间松弛状态；旋转叶室固定螺丝，保持叶室处于打开状态。

六、实验报告

计算不同蔬菜植株叶片的光合速率并作图比较。

实验二十八　蔬菜冠层分析

一、实验目的

1. 学习蔬菜冠层分析的原理。

2. 掌握 ECA—GG02 植物冠层分析仪的测量技术。

二、实验原理

冠层，是指植物枝叶稠密顶层，冠层光合作用的强弱，影响植物的果实、花、种子及叶子的产量。冠层是水、气、热的交换场所，在调节区域和全球气候方面起重要作用。冠层除了吸收太阳能和调节气候外，还能拦截降雨削弱雨滴的功能，保护植物下层叶片免受强光、大风及大雨的影响，本实验采用 ECA—GG02 植物冠层分析仪进行测量。

三、实验材料及用具

生长中的蔬菜植株，ECA-GG02 植物冠层分析仪、笔、记录本。

四、实验内容

1. 测量原理

ECA-GG02 植物冠层图像分析系统采用了冠层孔隙率与冠层结构相关的原理，它是根据光线穿过介质减弱的比尔定律，在对植物冠层定义了一系列假设前提条件下，采用半理论半经验方式，通过冠层孔隙率的测定，计算冠层结构参数。这是目前世界上各种冠层仪一致采用的原理。在上述原理下，ECA-GG02 采用的是对冠层下半球图像分析测量冠层孔隙率的方法。

2. 仪器的使用

（1）硬件连接

①仪器的构成：笔记本电脑、PAR 测量杆、摄像头

②仪器的连接

a. 测量杆和笔记本的连接　把测量杆的 USB 插头插在笔记本的 USB 端口。

b.PAR 测量杆 USB 旁有个红色的按钮为摄像头电源开关，使用时插上连接杆和摄像头后按下电源开关，摄像头下方的红灯亮起，说明已连接成功。

c. 电源充电　电源和连接杆电池电源两部分。

（2）测量操作

① ECA—GG02 植物冠层图像分析仪由鱼眼图像捕捉图像，微型笔记本计算机图像分析软件处理计算结果。鱼眼探头可以获取 150 °视角的鱼眼图像。

②笔记本软件操作过程：在阴天或光度不强的早晨与黄昏，将鱼眼探头放在要测量的植物冠层下面，打开笔记本，自动弹出 ECA 植物冠层分析系统软件界面。先把 ECA 植物冠层分析系统最小化。用 AutoloqtureBmp 应用程序拍摄冠层照片，然后用 ECA 分析系统软件进行分析。

（3）参数

方位角个数：设置冠层图像的经度方位角。

天顶角个数：设置冠层图像的纬度圈数。

开始经度角：默认为 0°。

截止天顶角：默认为 75°，指计算截止的天顶角角度。

五、实验步骤

将鱼眼探头放在蔬菜下，进入 ECA 植物冠层分析系统程序，单击“文件菜单”，选择“选择源”，设置正确视频源，再单击“获取”可以在计算机屏幕上看到动态图像，单击“测量”，可以计算出植物冠层的叶面积指数，叶片平均倾斜角，散射辐射透过率，直接辐射率，消光系数和叶片的方位分布等参数，计算结果在屏幕上显示出来，也可方便地将其以文件的形式保存。将 PAR 探头放在植物冠层内外的不同位置测定。

六、实验报告

测量常见蔬菜的冠层参数。

蔬菜名称	叶面积指数	平均叶倾角	天空散射辐射透过率	太阳直射辐射透过率	太阳角区域	天顶角角度	测量结果	消光系统			叶片分布系统			
								天顶角区域	天顶角角度	测量结果	方位角区域	开始角度	终止角度	测量结果

实验二十九　蔬菜产品采收技术

一、实验目的

掌握蔬菜采收的采收标准及采收技术。

二、实验原理

对达到商品成熟度的蔬菜产品器官进行采收。有的蔬菜只需进行一次采收，即完成生产的全部工序。但多次采收的蔬菜则在采收期间还要进行田间管理作业。合理的采收要求及时和避免损伤，这对提高产量、降低贮运损耗、保持和改进产品品质、防止感病腐烂有直接关系。

三、实验材料及用具

达到成熟期的各类蔬菜若干，刀等。

四、实验内容

1. 采收标准

蔬菜种类繁多，供食用的产品器官不同，鲜销或加工、贮藏等用途不一，因而采收标准也不一致。但共同的都是以是否达到商品成熟度，即是否成熟到适合于食用或加工、贮运，作为唯一的采收标准。就多数蔬菜而言，商品成熟均早于生理成熟，如以根、茎、叶、花或幼嫩果实供食的蔬菜均在生理成熟前就采收。只有少数蔬菜如番茄、西瓜、甜瓜等的商品成熟度才与生理成熟度基本一致，即可以生理成熟度作为采收的标准。

蔬菜产品器官是否达到商品成熟度或符合采收标准，一般可按某些指标凭感官判断。但这些指标并非对每一种蔬菜都有同等重要的意义。同一种蔬菜产品器官在应用某种指标进行判断时，由于用途不同也可有不同的商品成熟度标志。另外，由于不同地区消费习惯的不同，采收标准还常有一定的地区差异。常用的判断指标：

①色泽　即以产品器官的颜色变化和光泽度作为主要采收标准，如番茄一般在果实开始转红时采收，甜椒一般在果皮转浓绿而有光泽时采收，豌豆在荚果从暗绿变为亮绿色时采收等。但供较长时期贮运的番茄则以果脐泛白的转色期为采收适期；供罐藏制酱或干制辣椒以果实充分红熟为采收适期。

②坚实度　坚实度可以是某些蔬菜生育良好、充分成熟或尚未过熟变软，因而能耐运输贮藏的标志，如甘蓝的叶球、花椰菜的花球以及供贮运的南瓜、番茄等都应在达到一定硬度时采收。但某些蔬菜的产品器官趋于坚硬，则表示其食用品质下降，如绿叶蔬菜和作蔬菜用的豌豆、菜豆、豆薯、甜玉米等一般应在幼嫩时采收。

③大小　即以产品器官的高度（如芹菜）、直径（如萝卜）等作为适于采收的主要指标。

④生长状态　如洋葱以假茎部变软开始倒伏、鳞茎外皮干燥，芋头以须根枯萎，莴苣以生长点不超过叶丛，不结球白菜以薹高不超过莲座叶的先端等为采收适期。

上列采收标准常因不同的品种而有差异，需凭娴熟的经验，加以综合运用。

除感官鉴别外，还可根据器官内部的物质组成、能量（如呼吸强度）以及组织（如硬度、透性、离层）的变化等制订各种蔬菜供不同用途时的采收标准。

2. 采收时机

蔬菜的合理采收时机除根据采收标准掌握外，尚须考虑下列因素：

①保持长势　多次采收的蔬菜，如茄果类、瓜类的第一果（或第一穗果）宜适当早采，常在幼果尚未达到采收标准时就提前采收，以利于植株发棵和后续果实的生长。到结果盛期每隔 1 ～ 2 d 就采收一次，可免植株早衰。用种子直播的蕹菜第 1、2 次采摘时，茎基部可留 2 ～ 3 节，以促进萌发较多的嫩枝；第 3、4 次采摘时，适当重采，仅留 1 ～ 2 节，可免发枝过多，生长纤弱、缓慢，影响产量和品质。多年生的韭菜，为维持高产和使地下根茎贮藏有足够的营养物质，防止早衰，应控制收割次数；且不能割得过低，以免损伤叶鞘的分生组织和幼芽，影响下一刀产量和长势。

②提高贮性　高温时采收不利于采后贮藏；降雨后采收，成熟的果实易开裂，滋生病原菌，引起腐烂。一般以在晴天清早气温和菜温较低时采收为宜。供冬季贮藏用的芹菜、菠菜等耐寒蔬菜，在不使受冻的前提下适当延迟收获，可免贮藏时脱水和发

热、变黄腐烂。薯芋类蔬菜成熟过程中糖分转化为淀粉，适当延迟采收有利于提高贮性；反之，有的蔬菜如番茄，成熟过程中糖分增加，淀粉减少，则以适当早采的贮性较好。某些蔬菜采收前用生长调节剂处理，可在采后延迟其成熟，利于贮藏。

③保持鲜度　蔬菜鲜度主要由呼吸强度和失水速度决定，而温度则是影响呼吸和水分含量的最主要因素。在气温较低的清晨或上午采收，有利于保持产品的鲜度。

3. 采收方法

地下根茎类大部用锹、锄或机械挖刨。有的采收机械还附有分级、装袋等设备。采收时应避免机械损伤；采收后摊晾使表面水分蒸发和伤口愈合。洋葱、大蒜可连根拔起，在田间曝晒，使外皮干燥。多数叶菜类、果瓜类、豆类蔬菜则用刀割、手摘或用机械采收。

五、实验步骤

1. 采收成熟度的确定

多数蔬菜适采期比较宽泛，对成熟度要求较严格。其成熟度常依据下列方法确定：

（1）生长期　如早熟西瓜从授粉到成熟需 28 ～ 30 d，晚熟需 35 ～ 40 d。

（2）果面变化　如番茄、辣椒褪绿变红；西瓜、甜瓜果面颜色变浅，纹理变清晰，茸毛脱落，果蒂处凹陷等。

（3）化学鉴定　鉴定果实可溶性固形物含量，如甜瓜含糖量的测定。

（4）果实的形状与大小　正常生长情况下，果实大的成熟度较高。

（5）果肉硬度　如番茄随成熟度提高，果实渐趋变软。

（6）果柄脱离难易程度　如番茄成熟后，果梗处产生离层，很容易采摘。

（7）植株生长情况　如洋葱、芋头、生姜等，以地上植株开始转黄时采收较好，莴笋的心叶与外叶平行时为采收适期。

2. 适时采收

（1）根据采后用途采收　如番茄鲜食应在食用成熟时采，制汁应在果肉变软的生理成熟时采收。

（2）选择适宜时间采收　采收时间应选择晴天露水干后进行。

（3）选择适宜方法采收　如茄子、西瓜、甜瓜最好用剪刀带部分果柄剪下。本芹采用掰收，西芹采用整株采收等。

（4）分期分批采收　同一植株上的果实成熟早晚有差异时，要分期分批采收。

3. 采收方法

（1）机械采收　适宜于一次性采收的根菜类、薯芋类、果菜类、结球叶菜等的采收可以采用机械。

（2）其他采收方法

①叶菜类、花薹类的采收　除菠菜外均需要多次采收。甘蓝、大白菜等结球蔬菜，采时用刀将叶球从茎盘上割下，叶球外留 2 ～ 3 叶保护叶球。西芹自根部切下，去掉黄叶和根，让叶柄在基部连在一起而不分散。花椰菜、青花菜采收时用刀将花球割下，花椰菜花球周围的叶应剪短些，青花菜的茎应带长些，并带有 2 ～ 3 个小叶。韭菜收割时叶鞘基部要留 3 ～ 5 cm，以免伤及分生组织和幼芽。

②根菜、茎菜和果菜的采收　根菜采收时先将土弄松，然后拔出。地下块茎用锄挖刨，避免损伤，采后摊晒 1 ～ 3 小时。洋葱、大蒜直接连根拔起，晾晒 3 ～ 4 d 使外皮干燥，伤口愈合。果菜要用手或剪刀采摘，并轻拿轻放，避免损伤。豇豆应保留豆荚基部 1 cm 采摘，以免伤及花序影响后面结荚。

六、实验报告

总结蔬菜产品采收时的注意要点。

列举常见蔬菜产品采收时的区别。

实验三十　蔬菜产量测定

一、实验目的

掌握蔬菜产量测定的基本方法。

二、实验原理

根据不同蔬菜产品器官的差异，进行适时采收并对采收的蔬菜进行单株产量测定和亩产量估测。

三、实验材料及用具

各种蔬菜若干、电子秤。

四、实验内容

1. 对所栽培的蔬菜进行适时采收

（1）根菜类蔬菜

包括萝卜、胡萝卜、芜菁、根用甜菜、根用芥菜等，需要对肉质根进行收获，萝卜：播后 70 ～ 75 d 肉质根已充分膨大时为采收适期，胡萝卜：播后 90 ～ 100 d，肉质根充分膨大为收获适期。

（2）茎菜类蔬菜

包括莴笋、洋葱、马铃薯、莲藕等，需要对嫩茎、块茎、根茎、球茎、鳞茎进行采收，莴笋在老化前都可随时采收，但叶片充分长大、叶绿叶厚的脆嫩期是产量最高、品质最好的适期，如果用手轻压叶球，有一定承受力，叶球松紧度适中时采收为最好。洋葱：当植株基部第 1 ～ 2 片叶枯黄，第 3 ～ 4 片叶尚带绿色，假茎失水松软，地上部倒伏，鳞茎停止膨大，外层鳞片呈革质时，是收获的最佳时期。马铃薯：大部分茎叶由绿变黄的生理成熟期，此时为采收适期。莲藕：中晚熟品种多在白露到霜降采收，此时藕已充分老熟此时为采收适期。

（3）叶菜类蔬菜

包括普通散叶菜类、香辛叶菜和结球叶菜，其中有小白菜、菠菜、芹菜、大白菜、结球甘蓝等，需要进行整株收获。小白菜：收获期不严格，4 ～ 5 片真叶即可分期采收或一次拔收，采收后要立即去除根部和老叶。菠菜：当长到一定大小就可根据市场需求进行分次采收，越冬菠菜由低温冬季进入高温春季时就开始抽薹开花，此时就可全部采收。芹菜：本芹可在叶柄高 50 ～ 60cm 时开始擗收。分次擗收，一般 20 ～ 30 d 擗收 1 次。每次收获 1 ～ 3 片叶，留 2 ～ 3 片。西芹一般在植株高度达 70 cm 左右，单株重 1 kg 以上时一次性收获。大白菜：结球后期遇到低温时，生长发育过程受到抑制，由生长状态被迫进入休眠状态。如果条件适宜也可不经过休眠，直接进入生殖生长阶段，因此为保持大白菜外叶养分持续向球叶供应，用于冬贮的晚熟品种，应在低于 -2℃的寒流侵袭之前数天收获，收货时连根拔出，堆放在田间，球顶朝外，根向里，以防冻害。晾晒数天，待天气转冷再入窖贮藏。结球甘蓝：采收期不严格，根据市场供应情况，可在叶球包至八成紧时就可陆续上市供应。

（4）花菜类蔬菜

包括花椰菜、青花菜、黄花菜等以收获花球或花器为产品器官的蔬菜。花椰菜：花球充分肥大，表面洁白鲜嫩，质地光滑，边缘花枝尚未展开时，要及时采收，采收时用刀割下花球，留下靠近花球的三片叶以保持花球不污染，花球上市前不能清洗。青花菜：采收期较短，必须及时采收，采收标准为花球充分长大，花蕾颗粒整齐，不散球，不开花。若在采收前 1 ～ 2 d 灌 1 次水，能提高产品质量和产量。黄花菜：采摘时间因地区和品种而异，一般在开花前 3 ～ 4 h 采摘完毕，采收时要避免碰伤花和幼蕾，以免茎梗和花蕾交界处断裂，采摘顺序为自上而下、由外向里逐一采收。

（5）果菜类蔬菜

包括豆类、茄果类、瓜类等，其中有黄瓜、西瓜、番茄、辣椒、菜豆、豇豆等，只需摘下果实部分。黄瓜：根瓜尽早采收，以防坠秧。根瓜采收后，应严格掌握标准，在商品性最佳时采收，瓜条生长快，必须提高采收频率，甚至每天采收 1 次。西瓜：

采收要根据销售和运输情况来决定采收成熟度。当地销售，采收当天投放市场，必须达到十分成熟，品质好。长距离运输的西瓜，需在八九分熟时采收。采收西瓜要带果柄剪下，可延长存放时间及通过果柄鉴别新鲜度。当地销售的西瓜均带上瓜蔓和叶片显得更加新鲜美观。采收最好在早晚进行，避免中午高温而晒蔫失水。番茄：需长途运输 1 ～ 2 d 的番茄可在转色期采收，此时果实大部分呈白绿色，顶部变红，果实坚硬，耐储运，品质好。就近销售的可在成熟期采收，此时果实 1/3 变红，果实未软化，营养价值较高，生食最佳，但不耐贮运。辣椒：门椒、对椒应适当早采以免坠秧影响植株生长，此后可待果实充分膨大、果肉变硬、果皮发亮后采收，可根据市场价格灵活掌握。菜豆：菜豆开花后 10 ～ 15 d 可达到食用成熟度。采收标准为豆荚由细变粗，荚大而嫩，豆粒略显，每 1 ～ 3 d 可采收 1 次，采收时要注意保护花序和幼荚。豇豆：豆荚充分长成，达到商品成熟期，应及时采收。与菜豆相同，采收时，不要损伤其他花序及嫩荚，更不能连花序一齐摘掉，初期 4 ～ 5 d 采收 1 次，盛果期 1 ～ 2 d 采收 1 次。

2. 蔬菜称重与亩产量估算

（1）取样根据土块大小及田间生长状况进行取样调查，取样点力求具有代表性和均匀分布，通常采用五点取样法、八点取样法和随机取样法等。当被测田块肥力水平不均时，蔬菜植株的个体差异大时，则采取按比例不均等设置取样点方法。

①五点式抽样法　以测产田的中心为第（1）样点，以此点到田块顶点距离的 1/2 处分别设为（2）（3）（4）（5）点，在每一个样点上，随机抽取一定量的株数或行数。这种方法适用于蔬菜作物生长比较整齐一致的情况。

②间隔抽样法　先确定抽取的样点数，再根据抽样分数 f=n/N 确定抽样间隔，然后从总的可抽取的样点数 N 中随机抽取一数字除以抽样间隔，除得的余数为第一样点的序号，从而可得到各样点的序号。例如，在一块栽种 1500 株黄瓜的测产田内，抽取 50 株作样本，则 f=50/1500=1/30，若随机抽取一数字为 158，则可确定第一样株的序号为 158/30 的余数 8，间隔抽取 8、38、68· · · · ·1 478 共 50 株组成样本。这种方法也适用于蔬菜生长较整齐的情况。

③分层抽样法　根据测产田作物变异程度，可将全田划分成几个较均匀同质的部分，称为区层。按各区层在全田所占的比例，决定抽取的样本容量，每一区层内抽取样点，可采用随机或顺序抽样方式。例如测产田有 400 株辣椒，要取样株 20 株，根据辣椒植株的生长情况，可分为好、中、差三个区层，设各区层植株分别有 180、120、100（株），则根据 f=20/400=5% 可以从这三个区层中分别抽样株 9、6、5（株）。该方法适用于蔬菜生长不整齐的情况。

④均匀分布抽样法　将全田划分成若干等面积小块，以每一小块的中心或每隔一

小块的中心为抽样点。这种方法适用于田块较大、蔬菜生长不整齐的情况。

（2）确定取样点后进行下列步骤进行调查

①对穴播蔬菜需求每亩穴数：移栽蔬菜测定实际穴、行距。在每个取样点上，测量 11 或 21 穴蔬菜的横、直距离，分别以 10 或 20 除之，求出该取样点的行、穴距，再把各样点的数值进行统计，求出该田的平均行、穴距。

调查平均每穴有效株数、求每亩株数：在每个样点上、连续取样 10 穴（每亩地一般调查 5 个点），记录每穴有效株数（具有每穴达到每穴平均株数才算有效株数），统计出个点及全地平均每穴株数求得

每亩有效株数 = 每亩实际穴数 × 每穴平均株数 × 每株的产品器官重

②对撒播或条播的葱蒜类、绿叶菜类等个体较小的蔬菜，实收样点产量可采用样框（固定木框）抽样。样框做成正方形或长方形，放样框时，样框的长边置于行间中心线上，宽边置于株间中心线上。在多个抽样点上，采收样框内的植株计产，估测产量。

③去荚豆类产量的折算：每 1 hm^2 产量（kg）= 样点内的株数 × 每株平均荚数 × 每荚平均粒数 × 百粒重 ×10000（m^2）/ 样点面积（m^2）×1000×100。每个样点中可随机抽取 20 ～ 30 株进行调查统计。式中百粒重单位为克。为了使不同小区的产量或类似试验的产量能相互比较，应将豆粒的含水百分率折成同一规定下的百分率，折算公式为规定含水量百粒重 = 实际含水量百粒重 ×[（1—实际含水量）/（1—规定含水量）]。

④多次采收的蔬菜作物一次性全期测产在实际生产中，经常要对多次采收的果菜类调查田进行一次性全期测产。估产时期一般在盛果期。预测的全期产量为前期已采产量 + 后期预测产量（单株后期预测产量 × 全田总株数），其中单株后期预测产量 = 单株现有的平均果数 × 单果均重。例如对一块辣椒地（盛果期）进行一次测产，该地前期已采产量 Y’，现预测后期产量，可在田间设 5 个样点，每个样点抽 20 个样株，首先按株统计现有果数，求出每株平均果数 K 个，然后在每个样点随机摘取 100 个辣椒，求出单果平均重 X，则单株后期预测产量为 /5，由该地块的面积和株行距算出总株数 N，这块辣椒地的全期预测产量为 Y=Y’ +N/5，如果前期产量未统计，则可根据植株上采收的果痕或结果规律，统计单株全期结果数，并算出单株全期产量来估测单位面积总产量。

五、实验步骤

1. 定点取样

根据上述三种取样方法进行定点取样。

2. 产量估测

根据不同蔬菜种类分别进行产量估测。

六、实验报告

记录所测蔬菜的具体取样方法。

对所测蔬菜产量估测采用的具体计算方法。

第七部分

实验三十一　瓜类蔬菜的嫁接育苗

一、实验目的

通过本次实验，学习掌握瓜类蔬菜嫁接育苗技术，以便更好的应用于生产。

二、实验原理

嫁接是把要繁殖的植物的枝或芽接到另一种植物体上，使它们结合在一起进行生长或繁殖的方法。利用嫁接技术培育蔬菜幼苗叫嫁接育苗，目前嫁接育苗技术主要用于瓜类蔬菜的生产，尤以黄瓜，西瓜为主，以预防枯萎病的发生。枯萎病是一种土传病害，是瓜类栽培的一大危害，一般药剂难以防治，该病害在南瓜上基本不发生，所以用南瓜为做砧木，黄瓜做接穗进行苗期嫁接培育黄瓜嫁接苗，这样不仅可以控制枯萎病的发生，还能增强根的吸收能力，提高黄瓜的耐寒性，提早定植，提高产量和产值。

三、实验材料及用具

1. 茄子砧木苗：茄砧新一号和托鲁巴姆；番茄砧木苗：秘鲁番茄；黄瓜砧木苗：黑籽南瓜、白籽南瓜；西瓜砧木苗：葫芦和瓠瓜；甜瓜砧木苗：杂种南瓜。

2. 接穗苗：可选用当地主栽、市场欢迎的优良茄子品种。

3. 用具：双面刀片、竹签（削成楔形）、嫁接夹。

四、实验内容

1. 靠接法

又称“舌接”“舌靠接”“靠插接”。靠接法嫁接的嫁接苗后期去夹断根工作繁锁，接口处愈合不牢固，但靠接苗对外界不良环境的抵抗力较强，因此仍是目前被采用的主要嫁接方法之一。

（1）砧木的准备　靠接法砧木应比接穗晚插 3 ～ 5 d，即砧木比接穗晚浸种催芽 1 ～ 2 d。第一片真叶半展开，下胚轴长度在 6 ～ 7 cm 之间为嫁接适期。嫁接时先用刀片或竹签剔掉砧木的生长点，在子叶下方 1 cm 处呈 30° ～ 45° 角向下斜切一刀，切口长度 0.5cm 左右，深度要达到下胚轴粗的 1/2 左右，切面平滑。

（2）接穗的准备　接穗应比砧木早播 35 d，印接穗比砧木早浸种催芽 12 d。当子叶充分展开、真叶显露时为嫁接适期。接穗的削法与砧木相反，在距生长点 11.5 cm 处向上斜切，深度为下胚轴粗度的 3/5 ～ 2/3，切口平滑，切口长度 0.5 ～ 0.6 cm，切口不可过长。过长容易在断根后产生不定根，愈合较缓慢，且嫁接后期易折断。

（3）嫁接　将接穗切口插入砧木下胚轴的切口，使二者紧密结合，从接穗的一方用嫁接夹固定，使嫁接夹夹板平面与切口平面垂直。

（4）断根　靠接后 10 ～ 15 d 伤口基本可以愈合好，从接穗外部表现来看，其第一片真叶已展开，需进行断根。在断根前 1 d 捏扁接穗的胚轴，破坏其维管束，第二天在接口以下 1 cm 处下刀断根。断根以后，视接口愈合程度酌情去掉嫁接夹。

2. 插接法

又称“斜插接法”“顶插接法”。顶插接要求嫁接后管理条件严格，但后期伤口愈合牢固，不易折断，现被广泛采用。

（1）竹签的制备　选竹织针或竹片削成单面半圆锥形竹签或双面楔形竹签。楔形面要求平滑，长度 0.5 ～ 0.6 cm。竹签直径视接穗粗度以及砧木粗度而定，一般直径为 0.1 ～ 0.2 cm。

（2）砧木以及接穗的准备　这种方法要求砧木比接穗早播种 35 d，即砧木比接穗早浸种催芽 6 ～ 7 d。当砧木苗高 6 ～ 7 cm 第一片真叶半展开、宽度不超过 1 cm 时为嫁接适期。此时黄瓜心叶刚刚显露，子叶展平。嫁接时用竹签剔去砧木生长点，然后用竹签从一侧子叶基部中脉处向另一侧子叶下方胚轴内穿刺．到竹签从胚轴另一侧隐约可见时为止。扎孔深 0.4 ～ 0.5 cm，暂时不要拔下竹签，接穗的削袄通常视竹釜的情况而定。如果是单平面竹签，接穗就应削成单平面，如果是楔形竹签，接穗就削成楔形，在距子叶 0.5 ～ 1 cm 处以 30° 角斜切，切口长度为 0.4 ～ 0.5 cm。

（3）相互嫁接　拔出竹签，立即将接穗插入孔中，使接穗平面与竹签平面吻合。接穗子叶方向与砧木子叶方向呈交叉状。

3. 劈接法

砧木与接穗的准备同靠接法。嫁接时先用竹签除去南瓜的真叶及生长点和侧芽，再从南瓜两片子叶间劈一切口，将黄瓜幼苗在胚茎处削成楔形，然后将黄瓜接穗插入南瓜苗的切口中，注意使切口对齐，最后用嫁接夹夹好接口。

4. 贴接法

这种嫁接方法无论接穗与砧木的粗细是否一样都可以进行嫁接，不影响嫁接的成活率。嫁接后的苗一般生长良好，利用此种嫁接法，只用少量的种子就可以嫁接出大量的嫁接苗。接穗可以用幼苗，也可以用事先培育的子、孙蔓，嫁接时取砧木 1 株，用竹签除去生长点和真叶及侧芽，刀片与砧木呈 60° 角，切去子叶，接穗切成 30° 角的斜面，切口长 0.5 ～ 0.7 cm，使接穗切口与砧木切面吻合，用嫁接夹将接穗和砧木切口加紧，利用子、孙蔓进行嫁接时应事先做好准备，最好于嫁接前一个半月育苗，把接穗苗定植在温室，用小拱棚覆盖，在幼苗四叶期打掉顶尖，使其子蔓生长，在子蔓长出 6 ～ 8 片真叶时可摘下子蔓作为接穗，摘子蔓时要留下 1 ～ 2 节，以使其孙蔓早发留作再接用，这样反复进行，一株西瓜苗便可接出百余株嫁接苗。

5. 接后管理

凡是顶插接、劈接等接后接穗无根的嫁接成活率，除与嫁接者技术熟练程度有关外，最主要因素就是接后的管理水平。

（1）所需设施　为给嫁接苗创造良好的环境条件，冬春季苗床应设置在日光温室、塑料薄膜拱棚等保护设施内，苗床上还应架设塑料小拱棚，并备有苇席、草帘、遮阳网等覆盖遮光物；若地温低，苗床还应铺设地热线以提高地温。秋延后栽培的蔬菜，苗期多处于炎热的夏季，幼苗嫁接后，应立即移入具有遮阴、防雨、降温设施的苗床内，精心管理。

（2）温度　嫁接后适宜的温度有利于愈伤组织的形成和接口快速愈合。多数试验认为，嫁接苗愈合的适宜温度，瓜类蔬菜为白天 25 ～ 28℃，夜间 18 ～ 22℃，土温 25℃左右；温度过高过低，均不利于接口愈合，并影响成活率。早春低温期嫁接，温度保持 7 d，7 d 后白天保持 22 ～ 28℃，夜间 16 ～ 18℃，幼苗成活后，恢复常规育苗温度管理。若采用靠接法，幼苗成活后，需对接穗断根，断根后，温度适当提高，促进伤口愈合，2 ～ 3 d 后恢复常规管理。

（3）湿度　砧木、接穗维管束连通前，接穗水分来源被切断，仅靠与砧木切面间水分渗透，水分来源极少。若环境中空气湿度低，接穗因蒸腾强烈，容易发生萎蔫，严重影响嫁接成活率，因此，嫁接成活之前，保持较高的空气湿度，防止接穗萎蔫，是关系到嫁接成败的关键。一般嫁接后 1 周内，空气相对湿度应保持在 90% ～ 95% 以上。采取的措施是嫁接后立即向育苗钵内浇水，并移入充分浇水的小拱棚内，注意冬天浇温水、夏天浇凉水，若湿度不够，还可向棚内喷雾，然后盖严棚膜密闭，使棚内空气湿度接近饱和状态。密闭时间一般瓜类蔬菜 3 ～ 4 d，密闭时间还与嫁接方法有关，接穗带根的靠接法密闭时间可短些，而插接、劈接等接穗断根的密闭时间可长些。以后逐日增加通风量和通风时间，但仍应保持较高的空气湿度，每日中午喷雾 1 ～ 2 次，直至完全成活，恢复常规育苗湿度管理。

（4）光照　嫁接后为避免阳光直晒秧苗，引起接穗萎蔫，嫁接后应适当遮光。遮光的方法是在塑料小拱棚的外面覆盖草帘、纸被、报纸、遮阳网等覆盖物。一般嫁接后 3 ～ 4 d 内全天遮光，以后早晚在小棚两侧透散射弱光，并逐渐增加透光时间，8 ～ 10 d 成活后，恢复正常光照管理。若采用靠接法，成活后对接穗断根，断根后应适当遮光 2 ～ 3 d。以后应逐渐增加透光量和透光时间，嫁接苗成活后及时给予正常的光照条件。嫁接后若遇阴雨天气，也可不遮光。

（5）肥水管理　嫁接苗不再萎蔫后转入正常肥水管理。根据天气情况，5—7d 喷 1 次叶面肥，如磷酸二氢钾溶液，幼苗具有 2 片真叶后控制水肥防徒长，培育壮苗。

（6）其他管理　及时去除砧木上的不定芽，去侧芽时忌损伤子叶及摆动接穗。嫁接后嫁接苗处于高温、高湿、弱光环境中，加上嫁接切口的存在，为病原微生物的侵染提供了有利条件，因此应加强嫁接苗的防病管理。在嫁接前 12 d 对接穗、砧木喷药，嫁接过程中对用具、手指消毒的基础上，嫁接后愈合期内也应喷药 1 ～ 2 次，一般结合喷雾进行，可用 800 ～ 1 000 倍的百菌清或 1 000 ～ 1 500 倍的甲基托布津等。嫁接苗成活后，还应根据砧木抗病种类和具体情况，按常规方法防治苗期病虫害。嫁接苗定植前 3 ～ 5 d 开始炼苗，起苗前 1 ～ 2 d 喷足水，定植前喷 1 次杀菌剂或杀虫剂。

五、实验步骤

以茄子为例介绍嫁接步骤。

1. 品种选择

砧木与接穗在嫁接亲合力上品种间表现差异不大。目前推出的砧木优良品种有茄砧新一号和托鲁巴姆。接穗可选用当地主栽、市场欢迎的优良茄子品种。

2. 播种

茄砧新一号要提前 5 ～ 10 d，托鲁巴姆宜提前 15 ～ 20 d 播种。采用常规育苗方法播种，然后分苗到营养钵内。苗床土宜采用无土基质或提前进行严格消毒，严防苗期感染土传病害。

3. 嫁接前管理

接穗及砧木在出齐苗前均采用高温催苗措施，白天保持 28 ～ 30℃，夜间 18 ～ 23℃。出齐苗后应适当降温 3 ～ 5℃。当幼苗长出 2 ～ 3 片真叶时及时分苗。砧木要分到 10 ～ 12 cm 直径的营养钵中，接穗分到营养钵或消毒的苗床内，株行距 8 ～ 10 cm，分苗后尽快促进缓苗生长，并防止病虫害发生。

4. 嫁接方法

茄子嫁接应在 18 ～ 25℃，湿度较高且光照较弱的温室内进行，宜采用劈接法嫁接。当砧木与接穗长至 6 ～ 8 片真叶，茎半木质化，茎粗 5 mm 左右时嫁接。先在高 3.3 ～ 6.7 cm 处用刀片平切砧木上半部，保留 3 片左右真叶，然后在茎中间垂直向下切入 1 cm 深。接穗在其半木质化处切去下端，保留 2 ～ 3 片真叶，削成双斜面楔形，楔形长短为 1 cm，将削好的接穗插入砧木切口中，对齐后用圆口嫁接夹固定，如果当时接穗偏细，应使接穗与砧木的茎一侧对齐，这样有利于成活。

5. 嫁接后管理

嫁接后放人小拱棚内，及时进行叶面喷雾保温。嫁接后 3d 内温度白天应保持 25 ～ 28℃，夜间 18 ～ 22℃。嫁接苗经过 7 ～ 10 d 的愈合期后，接穗开始生长，此时砧木的侧芽生长也很迅速，要及时除净砧木萌芽。一般茄子嫁接成活后即可与普通茄子苗相同管理，在嫁接成活率后 10 ～ 15 d 即可定植，定植前 5 ～ 7 d 要适当进行炼苗，以利定植后迅速缓苗生长。

6. 定植及定植后管理

因茄子嫁接后生长较强，产量提高，要增施肥料，每 1/15 公顷施优质有机肥 5 000kg 以上，磷酸二铵和硫酸钾各 30 kg。定植密度应较自根苗减少 10%，采用大小行定植。定植时不要埋住嫁接口，使嫁接刀口距地面 2 cm 以上，以免接穗感染土传病害。定植后及时去除砧木的萌芽，在茄子开花坐果前后摘掉嫁接夹子。保护地栽培应在开花时及时蘸花或喷花，其他栽培管理与普通茄子栽培相同。

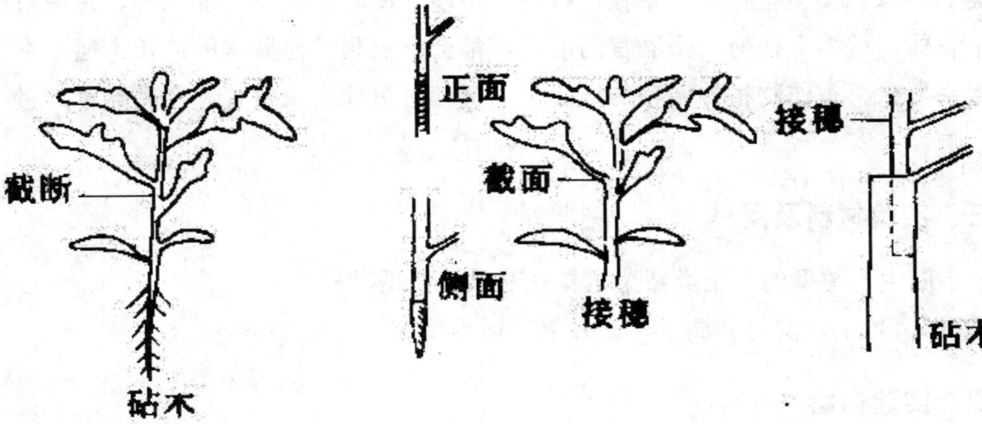

图 7–1　茄子劈接法嫁接示意图

六、实验报告

每人用两种嫁接方法各接 5 株，分组进行管理。

根据个人嫁接操作体会以及嫁接成活情况，总结这三种嫁接方法的优缺点，有何见解。

实验三十二　果菜类蔬菜植株调整技术

一、实验目的

了解果菜类蔬菜的植物学特性及其区别，掌握它们植株调整的方法。

二、实验原理

果菜类的植株调整是一项细致的管理工作，进行植株调整的优点可概括为平衡营养器官和果实的生长；增加单果质量并提高品质；使通风透光良好，提高光能的利用率；减少病虫害发生和果实机械损伤；增加单位面积的株数，提高单位面积的产量。果菜类的植株调整包括搭架、整枝、打杈、吊蔓、摘叶、疏花、疏果等。每一植株都是一个整体，植株上任何一个器官的消长，都会影响到其他器官的消长。通过本实验使学生掌握果菜类作物植株调整的方法，了解其对植株生长发育和产品器官产量、品质的影响。

三、实验材料及用具

1. 不同生长类型的果菜类蔬菜植株（茄果类、瓜类）。

2. 用具　竹竿、剪刀、绳子、记号笔、标签牌等。

四、实验内容

1. 选择蔬菜品种并了解生长结果习性

（1）番茄按照花序着生的位置及主轴生长的特性，可分为有限生长类型与无限生长类型，不同生长类型植株调整方法不同，一般有单干、双干和改良单干整枝。

（2）茄子根据开花结果习性不同，一般采用双干或三干整枝。

（3）辣椒按开花结果习性可分花单生和花丛生两类，一般采取单干或双干整枝。

（4）瓜类按结果习性大致可分为主蔓结果（黄瓜）、侧蔓结果（甜瓜）和主侧蔓（西瓜）均可结果三种类型。

2. 搭架、吊蔓、绑蔓

（1）番茄　苗高 30 cm 左右时进行搭架，植株每生长 3 ～ 4 片叶缚蔓一次。

（2）黄瓜、甜瓜　于 5 片真叶后茎蔓开始伸长，需支架或吊蔓。蔓长 30 cm 以后缚或绕一次，以后每隔 3 ～ 4 节一次。当黄瓜蔓长至 3 m 以上时应将吊绳不断下移落蔓，使下部空蔓盘起来，保证结瓜部位始终在中部。甜瓜则在第 25—28 叶打顶。

3. 定干（蔓）

（1）番茄采用单干整枝，只留主干，去除所有侧枝。甜椒采用单干或双干整枝，辣椒采用双干或三干整枝，茄子采用双干或三干整枝。

（2）黄瓜 1 甜瓜一般采用塑料绳吊蔓、单蔓整枝法。甜瓜去除第 12 节前的侧蔓，在第 12 ～ 14 节侧蔓上留果后，仅留 1 ～ 2 片叶片摘心，第 14 节以后侧蔓也要去除。

4. 去侧枝、摘心、去老叶

在果菜类生长过程中，应及时去除多余侧枝、卷须和老叶，此项工作应在中午进行，有利于伤口愈合。当植株长至一定高度时，根据定干要求进行摘心，促使养分集中输送到果实中去，有利于果实发育和提早成熟。

5. 疏花疏果

（1）黄瓜及时摘去根瓜及畸形花果。

（2）甜瓜一般只保留 1 ～ 2 个果，开花后要进行人工授粉，待幼果长至鸡蛋大小时，选留其中生长良好的一个果。

（3）大果型番茄每穗留 2 ～ 3 个果，中果型每穗留 4 ～ 6 个果，其余花果全部疏去。

五、实验步骤

以南瓜植株调整为例介绍实验步骤。

南瓜植株生长旺盛，雌花出现较晚，早熟品种在主蔓 7 ～ 8 节出现第一雌花，晚熟品种则到 20 节以上着生第一雌花，但侧枝结果较早，所以要对其整枝，南瓜的整枝分为单蔓整枝和多蔓整枝两种方式。

（1）单蔓整枝　及早摘除全部的侧枝，只留主蔓结果。

（2）多蔓整枝　一般在主蔓 5 ～ 7 片叶时摘心，根据植株生长情况，选留 2 ～ 3 个侧蔓，并在每个蔓上留 1 ～ 2 个果，在第二果上留 2 ～ 6 片叶摘心。

南瓜在整枝的同时，还要将蔓牵好，避免其互相遮阴和拥挤，为此对植株要进行压蔓。

压蔓对于生长势强、容易疯秧的南瓜来说，是一种不可缺少的手段，以提高座果率。压蔓的方法：从第 7 ～ 9 节起，每隔 5 节左右压一次，共压 3 ～ 4 次，一般是在靠近主根方向结瓜的前一节将蔓压土或埋入土中 1 ～ 2 寸左右，笋瓜节上易发不定根可以不压蔓，西葫芦一般是单蔓整枝。

六、实验报告

写出实验报告，记录整枝的操作步骤。

举例说明为什么果菜类蔬菜植株调整必须以生长结果习性为基础。

实验三十三　番茄保花保果技术

一、实验目的

通过几种常见的保花保果剂及栽培管理技术来实现番茄高产稳产。

二、实验原理

在番茄生产中，落花率平均在15%～30%，有时高达40%～50%。生长环境不良及栽培管理不规范是造成番茄落花落果的直接原因，生产上通常用2，4—D、防落素等保花激素来防止落花落果，提高番茄产量。

三、实验材料及用具

开花期番茄若干、塑料容器等。

四、实验内容

1. 常用保花激素种类

生产中常用的保花激素是2，4—D和防落素，另外还有防落1号、番茄丰产剂2号等。

（1）2，4—D也叫2，4滴，纯品为白色或微红色粉剂，市场销售产品有80% 2，4—D钠盐和5% 2，4—D原液。原粉配制时取1 g原粉，用95%酒精溶解后对水1000 ml，即为（1000 mg/kg的原液再按“稀释倍数 = 原液浓度 / 使用浓度”计算出稀释倍数，按量加水配制成稀释液。市售5%的2，4—D原液可取1 ml加水3.33 kg即配成相当于15 mg/kg的溶液，能直接用于生产。2，4—D防止番茄落花落果的浓度一般为10～20 mg/kg。使用时在配制好的药液中加入标记染料，用毛笔蘸取药液涂抹在刚开放花的花梗离层处或柱头上，也可把花和花梗浸蘸药液。

（2）防落素又称番茄灵，纯品为白色结晶，能溶于热水和乙醇等有机溶剂。市场销售产品有99%防落素粉剂，稀释方法与2，4—D相似，对嫩叶和果实的伤害较轻，不易产生药害，使用时通常采用蘸花和喷雾法。

2. 激素使用注意事项

由于2，4—D的活性强，适宜浓度用量较难掌握，处理不当易导致番茄花穗果实生长不整齐，药害果较多，因此无公害番茄生产中尽量用防落素、防落1号、番茄丰产剂2号等。

五、实验步骤

1. 配制激素溶液时，使用塑料或瓷制容器，不要用金属容器。使用前可先将激素配制成原液在阴凉处密闭保存，使用时再配制成稀释液。由于许多生长调节剂在水溶液中不稳定，容易分解失效，因此使用配制时间长的保花激素效果较差，最好当天配当天用，剩下的药液放在阴凉处密闭保存。

2. 生产中保花激素的使用应根据天气变化情况科学掌握浓度，即高温季节或光照较强时取浓度低限，低温季节或光照较弱时取浓度高限。如防落素在番茄生产中通常使用浓度是 25 mg/kg，一般气温在 20℃以下时浓度需掌握在 30 ～ 35 mg/kg，在 20℃以上时浓度宜掌握在 20 ～ 30 mg/kg。

3. 保花激素处理的最佳时期是花半开放至全开放期，最好在上午 9:00—11:00，每个花穗上有 3 ～ 4 朵花开放时进行。注意避免在花蕾期使用激素，防止产生畸形果、空洞果。

4. 应用蘸花法时，先按要求配制好药液，然后将开有 3 ～ 4 朵花的整个花穗在激素溶液中浸蘸一下即可。此方法简单方便易操作，不需借助其他器械，省工省力。使用喷雾法时，需将配制好的药液装在小喷雾器或喷枪中，然后对准花朵喷一下，使雾滴布满花朵而不下滴为宜。此方法易掌握好操作，但需借助喷雾器械，且用药量较大。

5. 如在激素溶液中加入 25 mg/kg 赤霉素混合使用，可以减轻番茄畸形果的发生。

6. 其他保花保果措施

由于造成番茄落花落果的原因很多，非常复杂，因此生产中在安全保花保果上不能单一依赖保花激素，而要综合配套其他多种措施。

（1）人工辅助授粉通过摇动植株或震动花序，能使有活力且发育良好的花粉从花粉囊中散出，促进番茄授粉。适当应用粉尘剂农药或追施叶面肥，也可实现辅助授粉。

（2）加强花期管理

①温光调控　番茄开花期适宜温度为 15 ～ 30℃，白天应保持 25 ～ 28℃，夜间 15 ～ 17℃，昼夜地温 20 ～ 23℃。光照要求在 3 ～ 5 万 lx。保护地栽培中要加强增光保温（冬春季）和遮阳通风（夏季）管理，确保花果正常发育。

②肥水管理　开花期要保证肥水充足，防止过干过湿，一般不灌大水，不偏施氮肥。要求土壤相对含水量 60% ～ 80%，空气相对湿度 45% ～ 55%。此期可适当追施磷酸二氢钾叶面肥或二氧化碳气肥，促进花果生长发育。

③植株调整　适当稀植并疏花疏果，及时整枝打杈摘心，摘除病、老、残叶，保证通风透光，协调植株营养生长和生殖生长的平衡。

④病虫防治　在保花激素溶液中加入 0.1% 的 50% 速克灵可湿性粉剂或 0.1% 的 50% 多菌灵可湿性粉剂，能有效防止灰霉病对花果的侵害。另外，及时控制其他病虫对植株

的危害、保持植株生长发育平衡也是促进保花保果的一个重要措施。

六、实验报告

按照操作程序，采用不同的保花激素进行蘸花比较其保花效果。

列举番茄保花保果技术要点。

实验三十四　豆类蔬菜植株形态及开花结果习性观察

一、实验目的

识别主要豆类蔬菜的形态特征及开花结果习性，了解荚果的构造。

二、实验原理

植株调整是通过整枝、打杈、摘心、支架、绑蔓、疏花、疏果等措施，人为地调整植株的生长和发育，使营养生长与生殖生长、地上部和地下部生长达到平衡，植株达到最佳的生长发育状态，促进其产品器官的形成和发展。同时，还可以改变田间蔬菜群体结构的生态环境，使之通风透光，降低田间湿度，以减少病虫草害的发生。

豆类蔬菜包括菜豆、豇豆、豌豆、蚕豆、刀豆、扁豆、毛豆等，在华北地区以菜豆、豇豆、豌豆等种植较为普遍。豆类蔬菜的根系较发达，入土较深，但根系木栓化程度高，再生力弱，宜直播或护根育苗，根部具根瘤；花为典型的蝶形花，多数为自花授粉。

菜豆，豆科、菜豆属，一年生草本植物。根据茎的生长习性可分为三种类型：

（1）蔓生型　无限生长型，蔓长 1.7 ～ 2 m，个别品种长达 3 m 以上。茎蔓具左旋性，栽培时需设立支架。花序着生在叶腋间，一般品种在发生 6 个真叶后出现第一花序，早熟品种也有在第 2 ～ 3 片真叶后着生花序的，以后随着蔓的伸长，从各叶腋间陆续出现花序和抽生侧枝。

（2）矮生型　有限生长型，植株只有一尺多高，茎直立、较粗硬、节间短，栽培时不需设立支架，当主干发生 4 ～ 8 节以后，其顶端着生花序而封顶。从各叶腋间发生的侧枝长到一定程度后，顶端也着生花序而封顶。

（3）半蔓生型　前期生长似矮生型，以后也抽蔓，但蔓性不强，一般蔓长不超过一米，荚小、产量低，栽培很少。

豇豆，豆科、豇豆属，一年生草本植物。根据茎的生长习性也分为三种：蔓性、矮生、半蔓性，各种类型的特性都与菜豆极为相似。常栽培的主要是蔓性种。

三、实验材料及用具

菜豆（蔓性、矮生）、豇豆（蔓性、矮生）、豌豆、蚕豆等豆类蔬菜开花结荚时的植株。

镊子、小刀、放大镜、钢卷尺等。

四、实验内容及实验步骤

1. 形态识别：仔细观察开花结荚期豆类植株根、茎、叶、花和荚的特征。

2. 取菜豆、豇豆的蔓性和矮生型开花结荚期植株，观察不同株型主茎和分枝的顶芽生长特性、分枝节位、数目、抽生花序的节位、数目及各花序的结荚情况等。

3. 荚果构造解剖观察：取各类荚果进行纵剖和横剖，观察其内部结构。

五、实验报告

认识主要豆类蔬菜的形态特征，将观察结果填入下表中。

根据实际调查观察，说明蔓性和矮生型菜豆的开花结果习性有何不同？

所谓豆类荚果的“筋”属于植物学上的哪一部位？种子着生在哪一部位？

表 7-1　豆类蔬菜植株形态特征调查

种类 \ 名称	根	茎			叶				花				荚				
							小叶										
	有无根瘤	矮生或蔓生	形状	有无茸毛	复叶类型	有无托叶	叶数	叶形	花序或单生	花冠颜色	龙骨瓣旋转方向	开花顺序	形状	长度/cm	横茎/cm	有无茸毛	颜色

实验三十五　根菜类肉质根的形态和构造观察

一、实验目的

1. 观察萝卜的肉质直根的外部形态特征及内部解剖学特点。

2. 观察胡萝卜的肉质直根的外部形态特征及内部解剖学特点。

3. 观察食用根甜菜的肉质直根的外部形态特征及内部解剖学特点。

4. 了解萝卜、胡萝卜、食用根甜菜在食用品质上与农业技术的关系。

二、实验原理

根菜类蔬菜种类多，以肥大的肉质直根为产品。分属四个科：十字花科主要包括萝卜、根用芥菜、辣根、芜菁、芜菁甘蓝；伞形科主要包括胡萝卜、美洲防风、根芹菜；菊科主要包括牛蒡、婆罗门参、菊牛蒡；藜科主要包括根甜菜（君荙菜）。肉质根由根部和胚轴共同发育而来，分根头、根颈、真根三部分。根头（短缩茎）是由上胚轴发育而成，着生芽和叶片。萝卜和胡萝卜的根头不明显。根颈是由下胚轴发育而成，为肉质根的主要部分，无叶痕和须根，光滑。真根是由胚根上半部发育而成，上着生侧根，十字花科和藜科 2 列，伞形科 4 列。

三、实验材料及用具

1. 萝卜各类型品种、胡萝卜、甜菜的植株及切片。

2. 萝卜各类型畸形根标本或挂图。

3. 刀、放大镜、显微镜、尺子。

四、实验内容

1. 观察肉质直根的根头、根颈和真根的外形特点及比例。一般十字花科与藜科的肉质根上着生两排侧根；伞形花科肉质根上着生四排侧根。根头、根颈和真根三部分的比例因品种及栽培技术而异。

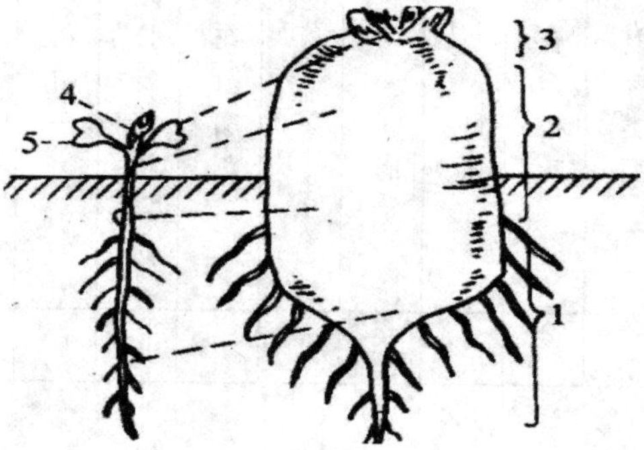

（1—根；2—根颈；3—根头部；4—第一真叶；5—紫叶）

图 7–2　萝卜的肉质根

2. 将肉质直根纵切和横切，观察肉质直根的周皮层、形成层、木质部、韧皮部各部分的特点，并观察近根下端四分之一处的切面，比较其各部分的比例、特别是木质部直径占肉质根直径的比例。

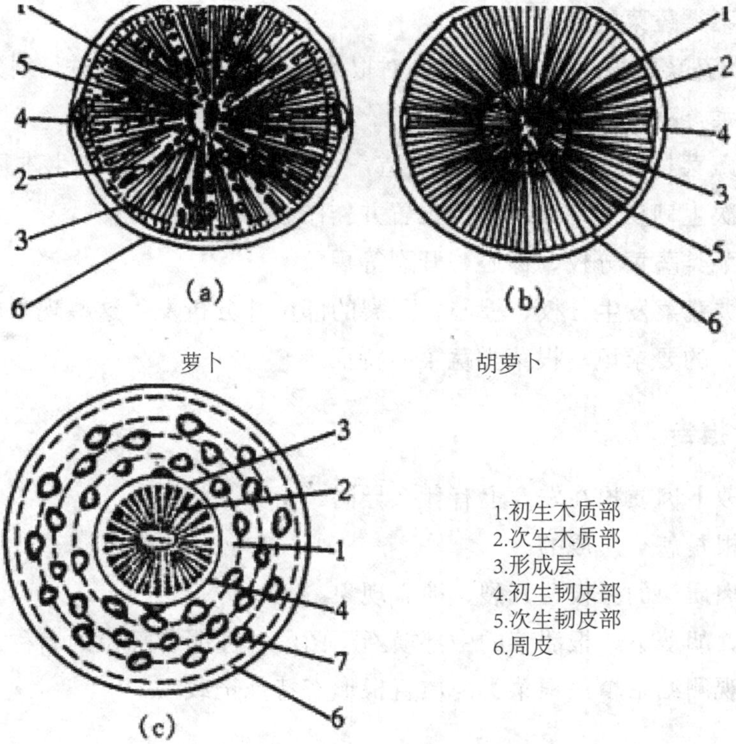

图 7–3

3. 观察萝卜肉质根的分杈、开裂、糠心现象。

4. 绘制萝卜、胡萝卜、根甜菜的中部横断面图，并注明各部位的名称。

五、实验步骤

表 7–2　根菜类肉质直根形态特征记载

项　目		种　类		
		萝卜	胡萝卜	根甜菜
直根颜色（上、下、内部）				
侧根排数				
直根形状				
总长度 /cm				
根头占直根比例 /%				
根颈占直根比例 /%				
真根占直根比例 /%				
中部直径（cm）				
木质部占根直径比例 /%				
韧皮部占根直径比例 /%				
各部分特点	根头			
	根颈			
	真根			

1. 观察根菜类蔬菜的外观形态

观察根菜类蔬菜的根的分布和位置并对根菜类蔬菜的外观结构进行划分和画图。

2. 观察根菜类蔬菜的内部构造

将根菜类蔬菜横切，观察其内部构造，包括初生木质部、次生木质部、形成层、初生韧皮部、次生韧皮部、周皮等的位置并作图。

3. 观察根菜类蔬菜分杈、糠心、开裂等现象

观察根菜类蔬菜发生分杈、糠心、开裂的部位并分析发生这些现象的原因。

4. 按照表 1 的要求填写根菜类蔬菜的特征

六、实验报告

萝卜和胡萝卜肉质根在发育上有什么异同。

萝卜畸形根是怎么形成的。

观察萝卜肉质根的分杈、开裂、糠心现象。

绘制萝卜、胡萝卜、根甜菜的中部横断面图，并注明各部位的名称。

根据实验观测结果填写根菜类肉质直根形态特征记载表。

实验三十六　根菜类蔬菜产品器官形态特征观察

一、实验目的

1. 观察萝卜、胡萝卜和食用根甜菜的肉质直根的外部形态特征及内部解剖学特点。

2. 了解萝卜、胡萝卜、食用根甜菜在食用品质上与农业技术的关系。

二、实验原理

根菜类蔬菜种类多，以肥大的肉质直根为产品。分属四个科：十字花科主要包括萝卜、根用芥菜、辣根、芜菁、芜菁甘蓝；伞形科主要包括胡萝卜、美洲防风、根芹菜；菊科主要包括牛蒡、婆罗门参、菊牛蒡；藜科主要包括根甜菜（君荙菜）。

肉质根由根部和胚轴共同发育而来，分根头、根颈、真根三部分。根头（短缩茎）是由上胚轴发育而成，着生芽和叶片。萝卜和胡萝卜的根头不明显。根颈是由下胚轴发育而成，为肉质根的主要部分，无叶痕和须根，光滑。真根是由胚根上半部发育而成，上着生侧根，十字花科和藜科 2 列，伞形科 4 列。

三、实验材料及用具

1. 萝卜各类型品种、胡萝卜、甜菜的植株及切片。

2. 萝卜各类型畸形根标本或挂图。

3. 刀、放大镜、显微镜、尺子。

四、实验内容

1. 萝卜的外观形态

萝卜属肉质直根，长圆形、球形或圆锥形，外皮绿色、白色或红色，茎有分枝，无毛，稍具粉霜。萝卜的肉质根侧根为二列，侧根方向与子叶展开方向一致，萝卜的根头部分极短缩，而根颈和真根所占比例最大，将萝卜横切主要食用部分为初生木质部和次生木质部。

2. 胡萝卜的外观形态

胡萝卜为三回羽状全裂叶，丛生于短缩茎上。顶端各着生一复伞形花序。异花传粉。双悬果，肉质根有长筒、短筒、长圆锥及短圆锥等不同形状，黄、橙、橙红、紫等不同颜色。胡萝卜肉质根的侧根为四列，真根比例大，将胡萝卜横切主要食用部分为初生韧皮部和次生韧皮部。

3. 根甜菜的外观形态

属肉质直根，下胚轴与主根上部膨大形成肉质根，内部具多层的形成层，每一层形成层向内分生木质部，向外分生韧皮部，形成维管束环，环与环之间为薄壁细胞。肉质根有球形、扁圆形、卵圆形、纺锤形、圆锥形等，以扁圆形品质最好。茎短缩。中卵圆形，有光泽，具长叶柄，均为紫红色。主要食用部分为初生木质部和次生木质部。

五、实验步骤

1. 观察肉质直根的根头、根颈和真根的外形特点及比例。一般十字花科与藜科的肉质根上着生两排侧根；伞形花科肉质根上着生四排侧根。根头、根颈和真根三部分的比例因品种及栽培技术而异。

2. 将肉质直根纵切和横切，观察肉质直根的周皮层、形成层、木质部、韧皮部各部分的特点，并观察近根下端四分之一处的切面，比较其各部分的比例、特别是木质部直径占肉质根直径的比例。

3. 观察萝卜肉质根的分杈、开裂、糠心现象。

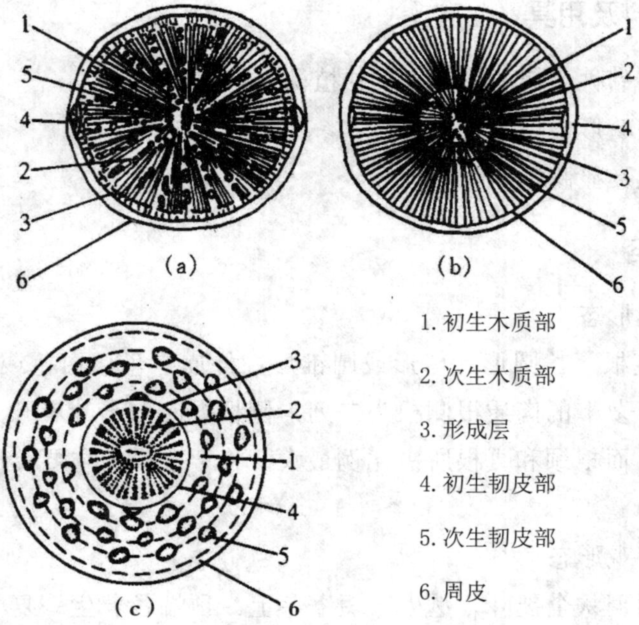

1. 初生木质部
2. 次生木质部
3. 形成层
4. 初生韧皮部
5. 次生韧皮部
6. 周皮

图 7–4　萝卜、胡萝卜、根甜菜的中部横断面图

六、实验报告

绘制萝卜、胡萝卜、根萘菜的中部横断面图，并注明各部位的名称。

萝卜和胡萝卜肉质根在发育上有什么异同。

萝卜畸形根形成的原因及防治方法。

实验三十七　萝卜间苗技能训练

一、实验目的

本次实验通过学习蔬菜间苗的方法，掌握萝卜间苗的基本技能。

二、实验原理

萝卜以肥大的肉质直根为食用器官，不耐移植，生产上多采用直播。出苗后幼苗生长迅速，需及时间苗，根据萝卜产品器官的大小差异，其多次间苗的株行距不同。

三、实验材料及用具

已出苗的萝卜生产田。

四、实验内容

1. 掌握间苗的适宜时期，及时间苗。
2. 间苗标准把我适度，幼苗生长健壮，互不拥挤。
3. 最后定下的苗子叶伸展方向均与垄向垂直，株距合理。
4. 每次间苗后及时在行间松土，且不伤幼苗。

五、实验步骤

（1）第 1 次间苗　幼苗子夜充分展开时进行，去除病弱苗、小苗和子夜畸形苗，保证留下的幼苗子叶向垄两侧方向伸展。防止幼苗拥挤、遮荫，保证幼苗健壮生长。

（2）第 2 次间苗　幼苗 3 ～ 4 片真叶时，标准同第 1 次。

（3）定苗　在破肚时选择具有原品种特征特性的单株定苗。大型品种株距为 25 ～ 40 cm，中型品种株距 15 ～ 25 cm，小型品种株距 10 ～ 15 cm。

（4）每次间苗后在行间浅耕松土。

六、实验报告

萝卜出苗后至定苗需要间苗几次，分别在什么时期间苗？

间苗时为什么留下的幼苗子叶伸展方向要与垄向垂直？

实验三十八　胡萝卜播前处理

一、实验目的

识别胡萝卜种子的形态特征，了解环境条件对其发芽的影响，掌握胡萝卜种子播前处理的基本技能。

二、实验原理

胡萝卜种子种胚很小，常发育不良或无胚出土力差，发芽率较低，一般只有 65% ～ 70%，且种子寿命只有 2 ～ 3 年。故一般采用新种子播种。如用陈旧种子，不但发芽率低，而且长出的植株其肉质根很易分杈。胡萝卜种子表面有刺毛，易相互黏结一团外皮为革质且厚，不易播匀，也不利种子与土壤接触，因此播前应将种子上的刺毛搓去，这样不但播种均匀，而且还使种子和土壤密切结合充分吸水，以利发芽。

三、实验材料及用具

胡萝卜种子、培养皿、镊子、小解剖刀、解剖镜、恒温箱、烧杯、滤纸等。

四、实验内容及实验步骤

1. 使用解剖镜观察胡萝卜种子外部形态特征。
2. 完成种子的晾晒、机械处理和浸泡过程。
3. 完成催芽过程，温度湿度设置正确。
4. 进行观察和催芽期间管理，记录详实。

五、实验步骤

1. 胡萝卜种子形态观察

（1）取胡萝卜种子若干，在解剖镜下观察其外部形态特征；

（2）用解剖刀切开种子，在解剖镜下观察真种子的形态。

2. 胡萝卜种子播前处理

（1）种子提前晾晒 1 ～ 2 d。

（2）搓去种皮三的刺毛，用 40℃温水泡 12 h。

（3）将种子均匀摆入于培养皿中的湿润滤纸三，每皿 100 粒，将培养皿置于 20~25℃恒温箱内催芽。

（4）每天定时观察和管理，记录发芽种子数并捡出，最后统计发芽率和发芽势。

六、实验报告

绘出胡萝卜的种子外部形态示意图。

胡萝卜的种子有何特点？为什么胡萝卜的种子发芽困难？

实验三十九　马铃薯营养繁殖技术

一、实验目的

掌握蔬菜营养繁殖技术。

二、实验原理

马铃薯营养繁殖是以扦插为主要手段，利用马铃薯块茎、芽条或植株上各部位能在较简易的条件下再生成完整植株（或块茎）的营养器官进行快速繁殖以生产种薯的一种生物技术，它是利用植物细胞的全能型和再生能力，在适宜的条件下，在基质中促使其发生不定芽和不定根，成为完整独立的新植株，营养繁殖比播种苗生长快，开花早，短时间内可育成较多较大强壮的幼苗，能保持原有品种的特性，对不易产生种子的蔬菜可以采用这种方法进行繁殖后代。

三、实验材料及用具

马铃薯薯块若干、赤霉素、酒精、来苏水、刀具等。

四、实验内容

1. 种薯切块繁殖

马铃薯块茎因其营养物质含量丰富，再生能力强能形成完整植株，块茎表面分布着很多芽眼，芽眼的数量一般因品种和块茎的大小而异。每一个芽眼包含一个主芽和 2 ～ 3 个副芽，芽眼中的每个芽均可发育成完整植株，主芽生长势强，顶端优势强，因此，待种薯的芽都萌发出来后选留 3 ～ 4 个较强壮的芽，其余芽全部抹去。

（1）种薯切块

根据种薯的大小及芽眼数，将其切成带 2 ～ 3 个芽眼，大小均一的立体三角形的切块。

（2）晒种

晒种也叫暖种，将薯块置于散射光下 1 ～ 2 周，使切口结痂或用草木灰涂抹于切口刺激芽眼萌发。

注意事项：切块的种薯不能带病，切刀等用具应随时清洗，并用高锰酸钾或酒精进行消毒处理。切块播种时，应避免肥料与切块表面直接接触；出苗前，浇水不能太多。

2. 掰芽繁殖

是利用块茎的所有芽具有发育成株的潜力的一种有效方法。通过掰除顶芽（或主芽），克服顶端优势，让侧芽充分发育成株。具体做法是取已渡过（或打破）休眠期的种薯，浅埋于湿沙或透气保水性良好的其他基质中，当顶芽（或主芽）萌发至 1 ～ 3 cm 时，掰去顶芽（或主芽）并定植于大田或浅埋于苗床中，定时适量浇水，其即可发育成完整植株。顶芽（或主芽）去除之后，继续将母薯浅埋，一周左右，顶芽（及主芽）周围的副芽和母薯的其他侧芽相继萌发；当萌发的芽条长至 1 ～ 2 cm 时，继续掰离并定植或浅埋于苗床。如此重复操作直至种薯仅剩少数芽条或衰亡为止。此方法可使种薯上大部分芽都能独立发育成完整植株。如果合理密植，管理得当，这些植株所结块茎的大小和产量亦可达理想水平。

注意事项：种薯不能深埋，所用基质的透气性和保水性要好，并定时少量喷水保湿；掰下的芽条定植时，只能浅埋于土表，并保湿；如果在定植之前用生根粉或低浓度的萘乙酸和赤霉素预处理，其成活率和成株速度稍有提高。

3. 芽条扦插

是以块茎萌发形成的芽条为材料，进行切段扦插繁殖的技术。具体做法是，当块茎顶芽萌发至 2 ～ 3 cm 时，掰去顶芽（或切除顶芽的顶尖），并将顶芽切成单节或几节一段，浅埋于湿沙或苗床中，生根成苗后再移植于大田。去除顶芽（或去除顶尖）之后，用 1.5×10^{-6} 的赤霉素喷施或湿润顶芽部位和侧芽眼，并将种薯置于黑暗条件下或浅埋于湿润基质中 5 ～ 7 d 催芽，然后取出并转人散射光条件下放置，促使萌发的芽条长成节间较短的壮绿芽。当壮绿芽长至 1 ～ 3 cm 时，再切除顶尖进行切段扦插，如此重复下去，直至将种薯上所有能利用的芽条全部切段扦插完为止。该法的繁殖系数比掰芽高几十倍。移栽大田的生根苗每株可结 1 ～ 4 个基本种薯。

注意事项：催芽时种薯要放在黑暗条件下或浅埋于湿沙中；培育壮绿芽时，要将种薯转人散射光下，以控制芽条的节间长度，使之便于切段扦插和易于成苗；切段操作用具应随时消毒处理。

4. 单节段扦插

该方法通常以生理年龄幼嫩的健壮小植株（如试管苗、芽条扦插苗、或由试管薯和迷你薯等发育成的小苗等）为材料，将其剪成一节一叶的小段，进行扦插繁殖。当移栽的试管苗、芽插苗等生长发育成有 5 ～ 8 片叶子的健壮小植株时，除保留植株基部 1 ～ 2 片较大的叶片外，剪取地上部分的枝条，并切成单节段，插人湿沙或苗床中；扦插深度以插条的侧芽位于基质表面或稍低于基质表层为宜。对插条遮荫保湿管理 10 ～ 15 d，即可发育成生根苗。此时，可将其直接移栽到大田或作为新的母株用于以后的单节段扦插繁殖。剪取枝条后的母株，定时适量追施氮、磷、钾肥（一般每周 2 次，或稀薄水肥两天 1 次），及时培土，并加强光照，延长光照时间等。15 ～ 20 d 左右，母株又可发出 1 ～ 2 个带 5 ～ 6 片叶子的新枝条，可继续进行单节段扦插繁殖。如果光、温、水、肥等管理得当，一棵母株可连续剪插 6 ～ 9 个月，繁殖出上千株生根苗，每株生根苗一般可收获 1 ～ 4 个基本种薯。

注意事项：尽量保持母株生理年龄幼嫩（即呈单叶状态），生长健壮；插条的扦插深度要适中；扦插后的管理注重遮荫、保温、保湿、不施肥；扦插基质要求经消毒处理；生根苗及时移栽并加强光照，及时追肥、培土等。

5. 茎段扦插

茎段扦插是以种薯为材料，待其休眠期过后，浅播于大田或苗床中；当萌发的植株长至 20 ～ 30 cm 高时，剪取枝条的顶芽并扦插于苗床，让侧芽充分萌发成枝条；再剪取枝条或枝条顶芽，并切成带 2 ～ 3 片叶子的茎段，插人苗床中。扦插深度以基部节间低于基质表层为宜。遮荫、保温、保湿管理约 15 d 即可生根成苗。每次剪取枝条时，母株上均应留下 1 ～ 2 片叶子的茎段。对母株要加强光照和水肥管理，这样，母株就可以产生出大批量的茎段插条。

注意事项：种薯浅播晚培土可促进芽条和匍匐茎发育成枝条，并促进地上枝条的生长；对母株实行长日照、高强光、高氮肥等管理，有利于提高茎段扦插苗的数量和质量，避免茎段切口感染，必要时可适当使用生根激素处理以促进生根和根系发育。茎段扦插后的管理同前。

6. 叶一芽扦插

主要目的是直接利用叶一芽生产叶芽薯（基本种薯），以充分利用有利于结薯的季节（或条件）和地上部枝条。与单节段扦插等有一定的区别。叶一芽扦插主要依据马铃薯结薯习性及光照（尤其是光周期）、温度、肥料等因子对块茎形成的影响机制来繁殖生产基本种薯。其操作方法大体可以分成二类：

①利用适于结薯的季节（如秋季），以已开始结薯或有一定株龄的扦插苗或大田植株为材料，将其地上较壮实的枝条剪下并切成一片叶子一个节的叶一芽插条，然后将该插条浅埋入湿沙或土壤基质中，仅使叶片暴露于扦插基质上面。在适于结薯的季节，该叶一芽插条的侧芽在 4 ～ 6 周即可产生直径约 0.5 ～ 1.6 cm（约为 1.0 ～ 5.0g）大小的基本种薯。不同品种的叶一芽在不同的季节均有可能直接或间接产生基本种薯，但一般来说，在日照较短的季节产生基本种薯所需的时间较短。此外，从地下已开始结薯的母株上剪取的叶一芽插条在同等条件下形成块茎较快和较容易。

（2）通过对母株进行光周期和施肥等管理，使之产生大量可结薯的叶一芽插条，并促使该插条在较短时间内直接形成块茎。具体操作方法是，将母株置于长日照（15 ～ 18 h/d）条件下，并及时追施氮磷钾肥等，促进母株地上枝条的健旺生长；在剪取叶一芽插条之前对母株进行 15 d 左右的短日照（8 ～ 10 h/d）处理，其间少施或不施氮肥；取地上枝条并剪成叶一芽插条，扦插于基质中，并将已扦插的叶一芽插条继续放置于短日照（或全黑暗）条件下，4 ～ 6 周内，所有插条都可产生基本种薯。剪取叶一芽插条之后，可将母株再次萌发形成健壮的侧枝时，再转入短日照处理 2 周左右，继而进行叶一芽扦插以生产基本种薯。如此反复操作，直至母株衰亡为止。利用叶一芽扦插方法，可使每个母株生产出几十至上百个基本种薯。这些基本种薯来年播种于大田后，每个小薯均可获得 0.5 吨以上的产量。

注意事项：利用叶一芽扦插直接生产基本种薯时，不能使用生根激素处理；太衰老、太幼嫩或假芽已萌发的叶一芽节段，最好少用或不使用，其产生的块茎或太小，或太慢，或不能直接形成块茎；对母株和叶—芽插条的管理着重考虑光周期、温度、肥料和水分等影响因子；扦插深度以叶片暴露于基质上面，节间部位（即侧芽）埋人基质之中为宜。

五、实验步骤

（1）种薯的选取　选取芽眼饱满无病虫害生长健壮的薯块作为种薯。

（2）暖种　将种薯放在 15 ～ 18℃黑暗条件下，7 ～ 8 d 翻动一次。

（3）晒种　顶芽长至 1 cm 大小时，将种薯放在散射光或阳光下晒种，温度保持在 15℃左右，使芽绿化粗壮。

（4）药剂处理　取未经暖种晒种的种薯若干，取一部分切块。将薯块或整薯分别在一定质量浓度的赤霉素溶液中浸泡 10 ～ 20 min。切块浸种质量浓度为 0.3 ～ 0.5 mg/L，整薯浸种质量浓度 10 mg/L。浸种后立即播种。

（5）切块　切刀要求无锈，刀刃要快而薄。使用前先用 75% 酒精或 3% 来苏水消毒。

马铃薯的块茎顶端的芽眼萌动快，发芽早，而脐部的芽眼则萌动慢，发芽迟。在顶部芽眼很多，而脐部则很少。根据这一特点，25 g 以下的薯块，只将脐部切去即可，50 g 以下薯块可纵切 2 块，80 g 的薯块可上下十字切成 4 块。较大的薯可先切脐部，切到中上部再十字形上下纵切，大薯也可以先上下纵切，然后再分切。切口应尽量靠近芽眼，可促进早发。切块要求呈立体三角形，多带薯肉，每块重 25 g 左右，最少应有 1 个芽眼。切到病薯时，立即用酒精消毒切刀。

（6）暖种温度、光照条件适宜，15 d 左右 80% 以上种薯发芽。

（7）晒种及时，温度适宜，种芽绿色健壮。

（8）药剂浸种浓度、时间适宜。

（9）切块动作规范，薯块大小、芽眼数量符合标准。

六、实验报告

暖种晒种时间为什么不能过长？

种薯切块的原则是什么？

实验四十　薯芋类蔬菜产品器官的形态观察

一、实验目的

掌握主要薯芋类蔬菜的植株形态与产品器官的特征。

二、实验原理

薯芋类蔬菜产品器官除地瓜为变态根外，其他均为地下变态茎。繁殖方式除山药、地瓜外，其余均行无性繁殖。地瓜为有性繁殖，山药既可无性繁殖，也可有性繁殖。

三、实验材料及用具

马铃薯、山药、姜的产品器官、解剖刀等。

四、实验内容

马铃薯，茄科。块茎是由地下匍匐茎顶部膨大而来的，而匍匐茎实际上是变态侧枝，块茎分作基部和顶部两部分，与匍匐茎相连的一端为基部，另一端为顶部。块茎与匍匐茎相连之处称作脐。从植物学角度来考虑，茎上有节，节上生叶，叶腋中生腋芽。马铃薯块茎尽管形态变了，但组成没变，它也有节，看起来不明显，就在芽眼处。块茎上的凹陷就属于芽眼，芽眼下有眉形线条，为退化叶的痕迹，称为芽眉。块茎顶部芽眼很多，每一芽眼中有三个或更多的芽。作为蔬菜用的，以芽眼浅者为佳，这样便于刮皮。从解剖角度来看，块茎的最外层是表皮，表皮下为皮层，再内为维管束，中心为髓，分为内髓和外髓，内髓掌形，颜色较深。繁殖时将整个块茎种于土中，能从芽眼处生根抽叶。通常为节省种薯起见，将薯块纵切，以发挥顶芽优势。

山药，薯芋科多年生草本植物。根有咀根和毛根，咀根（水平根）着生于块茎的上端，分枝很多，为主要吸收根系。毛根着生于块茎上，短小分枝弱。地上茎草质蔓性，叶腋间可生气生块茎，俗称“零余子”，可供繁殖；地下块茎长圆柱形，其形状大小、色泽因品种而异，顶头一节，可作为繁殖材料，称“山药段子”。“段子”栽后才发生不定芽，所以生芽较晚。

生姜，蘘荷科多年生植物，产品为肥大的地下茎，其状似根，故称为根状茎。用根状茎作为播种材料，种姜发芽出苗后长成主茎，主茎的基部即地下部膨大形成“母姜”，此后母姜两侧的腋芽发生第一次侧枝，该侧枝基部也膨大，成为子姜，同母姜产生子姜一样，子姜上又形成孙姜。从子姜起以后的分枝多发生于外侧，所以长成的姜块成为片状，其上着生许多侧芽。常以四代同堂或五代同堂的较多。地上茎高 2 ～ 4 尺，由叶鞘互相抱合成扁圆形假茎，叶披针形。

（1）最佳授粉时间　在晴天条件下，通常在上午 8 ～ 10 点雌花柱头和雄花花粉生理活动最旺盛的时机也是人工授粉的最佳时间。

（2）授粉完成时间　通常人工授粉完成时间以 7 d 为宜，如果 7 ～ 10d 内授完粉，则坐果期集中，管理方便，采收期集中，并且果实大小均匀，产量高。

五、实验步骤

1. 观察马铃薯地上植株及地下块茎的着生情况，每株地下茎节上有几条匍匐茎；匍匐茎长度、块茎形状、大小、皮色、肉色、芽眼深浅及分布情况。

2. 观察姜的地上植株及地下种姜、母姜、子姜、孙姜的着生部位、个数、大小等。

3. 观察山药地上植株及地下块茎的形状、大小等。

4. 确定最佳授粉时间和授粉完成时间。

六、实验报告

绘马铃薯块茎整个地下部的示意图，注明主茎埋土部分、芽眼根、匍匐茎、块茎等。

绘制马铃薯块茎全图。标注：顶芽、芽眼、芽眉、皮孔、脐部。

绘制姜根状茎全图（标明种姜、母姜、子姜、孙姜、鳞片）。

实验四十一　葱蒜类蔬菜生育特性及产品器官形成调查

一、实验目的

了解葱蒜类蔬菜的形态特征，并比较其异同点；掌握葱蒜类蔬菜产品器官的构成。

二、实验原理

葱蒜类蔬菜为百合科葱属二年生草本植物，具辛辣气味，主要包括韭菜、大葱、大蒜和洋葱；其次为韭葱和细香葱。葱蒜类蔬菜以膨大的鳞茎、假茎、嫩叶为产品器官，食用的部分是叶或叶的变态，具有弦状的须根、短缩的茎盘、耐旱的叶形、贮藏功能的鳞茎。

三、实验材料及用具

韭菜 3 ～ 4 年生完全植株，洋葱的成株和抽薹植株、大葱的植株、大蒜的植株、放大镜、镊子、刀片等。

四、实验内容及步骤

（1）韭菜　取韭菜完整植株观察以下项目。

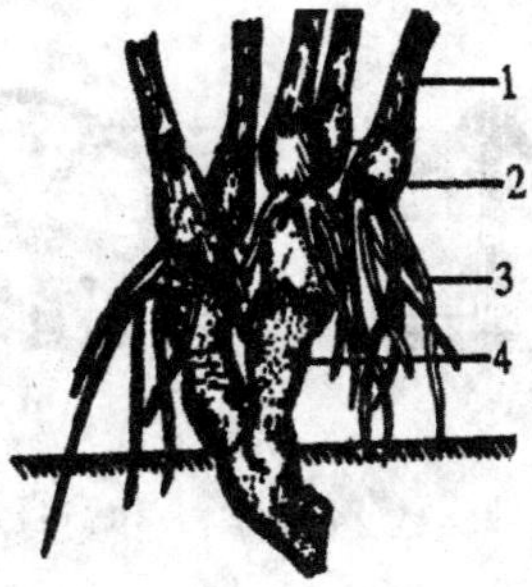

1—叶鞘；2—小鳞茎；3—须根；4—根状茎

图 7–5　韭菜的 分蘖与跳根

①根系着生部位、换根情况，分析跳根原因。

②叶片形状、叶鞘形状、叶片在茎盘上的着生位置，分析假茎形成的原因。

③观察短缩茎形状、根状茎形状，分析分蘖与跳根的关系。

（2）洋葱　取洋葱植株进行以下观察。

①根系着生部位。

②叶形、叶色、叶面状况。

③取鳞茎分别纵切与横切观察：膜质鳞片、开放性肉质鳞片、闭合性肉质鳞片、幼芽、茎盘、须根的位置。

④取先期抽薹植株，与正常植株进行比较观察。

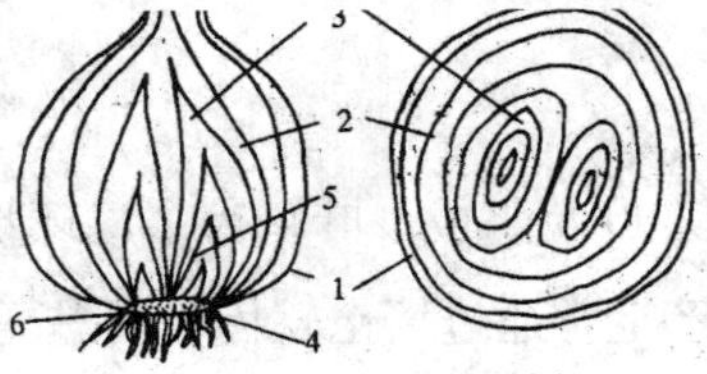

1—膜质鳞片；2—开放性肉质鳞片；3—闭合性肉质鳞片；4—茎盘；5—叶原基；6—不定根

图 7–6　洋葱鳞茎的解剖

（3）大葱　取大葱植株进行以下观察。

（1）根系及叶部形态特征，比较幼叶与成叶的异同。

（2）将假茎纵剖和横剖，观察假茎的组成，叶鞘的抱合方式。

4. 大蒜：取大蒜植株进行以下观察。

（1）大蒜根系、叶身、叶鞘的形态。

（2）观察鳞茎纵剖面和横断面的叶鞘、鳞芽（主芽、副芽）蒜薹、肉质鳞片、芽孔、茎盘等。

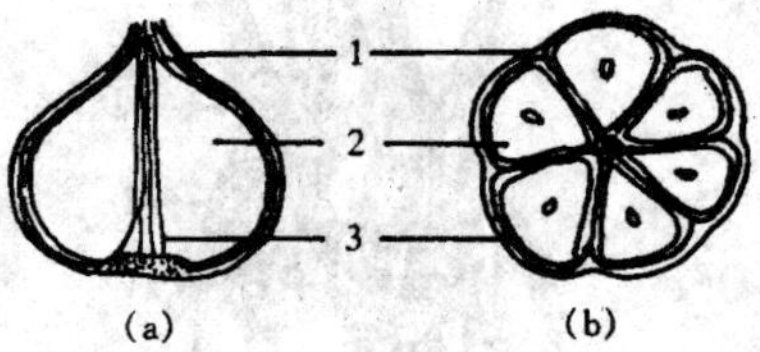

1—叶鞘；2—鳞芽；3—膜质鳞片

图 7–7　无薹多瓣蒜

五、实验报告

绘制韭菜的多年生根状茎平面图、大葱的外部形态图、大蒜的横断面图、大葱的纵剖面图。

分析韭菜跳根的原因。

实验四十二　大葱定植及假茎软化栽培

一、实验目的

通过本实验掌握大葱定植技术和假茎软化栽培的方法。

二、实验原理

大葱的食用器官是以叶鞘和叶片组成，叶鞘为多层环状排列抱合形成假茎，假茎的大小直接决定产量高低，因此生产上常通过培土软化栽培提高葱白产量。

三、实验材料及用具

大葱秧苗、锄头、铁锹。

四、实验内容

1. 大田准备

大葱适于排水良好、土层深厚肥沃的壤土中生长，沙壤土便于插葱、松土和培土，通气性良好，易获得高产。大葱由于要软化，土壤必须深翻与细作。在前茬作物收获后，立即深翻土地 25 ～ 30 cm，翻土晒垡 2 次，后开沟，沟深 30 cm，沟宽 20 cm，两条沟之间距离 1 m，沟内进行耕翻，深度 20 cm，沟底施基肥，亩施基肥 80 ～ 120 kg，使土壤与肥料充分混匀，沟内土壤要求松细，大田四周要挖有间隔 20 m 的一条排水沟。

2. 精细定植

定植时间一般 5 月下旬至 6 月上旬，定植前将大小苗分开，剔除病苗、弱苗、过小苗及明显弯曲苗，定植时避免葱苗折断，定植深度以不埋没葱心为宜，过深不宜发苗，过浅影响葱白长度，定植时应将叶面与定植沟垂直方向排列，利于密植与管理，定植时用木杆打个浅洞利于保持葱苗挺直。定植要在葱沟的同一侧，有利于排水，定植后将葱株两边的土压实，随后浇透水。

3. 田间管理

（1）中耕和浇水　定植后不十分干旱，一般不宜浇水，应加强中耕除草、疏松表土、蓄水保墒，促进根系生长。遇下雨注意排水，防止沟内积水，造成高温高湿、土壤通气不良，导致烂根、黄叶和死苗，因此雨前应做好排水防涝准备。立秋后随时气温下降，可开始浇水，浇水要轻浇，早、晚浇，以后随着植株旺盛生长而逐渐增加浇水次数，必须经常保持地面湿润，一般要保持 70%—80% 的土壤湿度。10 月份一般雨水少，田间缺水情况较易出现，可采用在晚间灌浅水方法缓解旱情，但必须做到及时排除田间积水。采前一周必须停止浇水，否则含水量过高而影响耐贮性。

（2）培土和追肥　在肥水供应充足的同时，培土是软化和增加葱白长度的重要措施。一般在活棵后，结合中耕除草进行少量覆土，覆土不能埋没葱心，不能造成葱苗弯曲，到 8 月初，把栽植沟填平，秋凉以后进行培土，以后每隔半个月培土一次。从 8 月中旬到 10 月上旬培土四次，每次培土都要保持葱的假茎挺直，这是保证葱白质量的重要措施。培土在上午露水干后，土壤凉爽时进行。如土温过高、湿度过大，则易引起烂茎，第一、二次培土时，植株生长缓慢，培土应较浅，第三、四次培土时，植株生长迅速，培土宜较厚。要使葱白长度 30 cm 以上，则必须使 35 cm 以上的葱茎埋在土中。每次培土都不能埋没葱心，培土时可结合补施肥料，大葱生长要求较多的氮肥，生长后期需要较多的磷钾肥，追肥一般在秋凉后开始，结合浇水培土，每次追肥后，应及时浇足水分，促进大葱生长。

五、实验步骤

1. 整地做畦

沟深 30 cm，沟宽 20 cm，两条沟之间距离 1 m。

2. 定植

定植时以不埋没葱苗心叶为宜，且葱叶排列方向与沟的方向垂直，将定植土压实后，使根系与土壤充分接触，浇透定植水。

3. 施肥

立秋前不追肥，以后每隔 10 d 追肥 1 次，每次每 667 m^2 施 45% 的硫酸钾复合肥 10~15 kg，每 667 m^2 追肥总量是 45% 的硫酸钾复合肥 100~150 kg，即 2 ～ 3 袋肥料。

4. 蹲苗

葱秧定植前 10d 停止浇水，适当蹲苗，以利于定植后缓苗。定植时葱秧株高要达到 30cm，茎粗要达到 1cm。

5. 培土追肥

大葱整个生育期内，一般进行 3~4 次培土，每隔 20d 培土 1 次。培土时需注意：

（1）初期培土可结合中耕除草，进行少量培土，以后逐渐将垄土培于定植沟内；

（2）培土宜在下午进行，在早晨露水较大时，葱叶脆而易折，易引发叶片腐烂或病害传播；

（3）培土不宜过早、过深，尤其是高温、高湿季节不宜培土，以免引发根茎腐烂；

（4）培土一般应在施肥、浇水后进行，把握前松后紧的原则，即生长前期培土勿过紧实，以免假茎上粗下细，影响品质；

（5）一般每次培土深度为 3 ～ 4 cm，取土深度不宜超过沟深的 1/2，宽度不超过行距的 1/3，以免伤根。

六、实验报告

1. 将葱苗定植并进行田间管理。

2. 总结葱培土管理要点。

实验四十三　绿叶类蔬菜形态特征观察

一、实验目的

认识常见的绿叶蔬菜，了解主要绿叶蔬菜的形态特征，以便应用于生产。

二、实验原理

绿叶蔬菜是一类主要以鲜嫩的绿叶、叶柄或嫩茎为产品的速生性蔬菜。生长速度快，生长期短，采收期灵活，栽培十分普遍。绿叶菜种类繁多，形态、结构和风味各异，品种资源丰富，适应性广，在蔬菜周年生产、均衡供应、调剂花色品种、提高复种指数和单位面积产量等方面占有重要地位。

三、实验材料及用具

菠菜（尖叶、圆叶两种）、芹菜（本芹、西芹）、芫荽、茴香、水萝卜、根达菜、落葵、紫苏、茼蒿、蕹菜、生菜、莴笋等。

放大镜、米尺、刀片。

四、实验内容

按绿叶蔬菜形态特征观察表中所列项目进行观察，并记入表内。

五、实验步骤

以绿叶菜的生长迅速及对食用器官的要求，说明肥水管理及采收注意的问题。

表 7–1　绿叶蔬菜形态特征观察表

蔬菜名称	叶						茎		植树科别	食用部位
	叶柄		叶片				形状特点	颜色		
	颜色	外表特点	形状	颜色	叶表特点	对生或互生				

实验四十四　白菜类蔬菜形态特征观察

一、实验目的

掌握主要白菜类蔬菜的形态结构。

二、实验原理

白菜类蔬菜属二年生蔬菜，主要是十字花科中以叶球、花球、嫩茎、嫩叶为产品的一大类蔬菜，芸薹属包括大白菜、小白菜、乌塌菜、菜薹、薹菜、芜菁等；甘蓝属包括结球甘蓝、皱叶甘蓝、抱子甘蓝、球茎甘蓝、花椰菜、青花菜（木立花椰菜）、芥蓝；芥菜属包括叶用芥菜、茎用芥菜、根用芥菜等。其中以叶球为产品器官的有大白菜、甘蓝、抱子甘蓝，皱叶甘蓝以花球为产品器官的有花椰菜、青花菜，绿叶及嫩茎为产品器官的有小白菜、乌塌菜、菜薹、薹菜、芥蓝等绿叶菜类；以肉质直根为产品的芜菁、芜菁甘蓝、根用芥菜等。

三、实验材料及用具

大白菜、花椰菜、甘蓝、小白菜、芜菁等。

四、实验内容

1. 大白菜形态特征

（1）卵圆型　叶球卵圆，球顶尖或钝圆，近于闭合，球形指数（叶球高度 / 直径）约 1.5。球叶倒卵圆形，褶抱。

（2）平头型　叶球上大下小，呈倒圆锥形，球顶平，完全闭合，球形指数近于 1。球叶横倒卵圆形，叠抱。

（3）直筒型　叶球细长圆筒形，球顶尖，近于闭合，球形指数大于 3. 球叶倒披针形。

2. 花椰菜形态特征

二年生草本，高 60 ～ 90 cm，被粉霜。茎直立，粗壮，有分枝。基生叶及下部叶长圆形至椭圆形，长 2 ～ 3.5 cm，灰绿色，顶端圆形，开展，不卷心，全缘或具细牙齿，有时叶片下延，具数个小裂片，并成翅状；叶柄长 2 ～ 3 cm；茎中上部叶较小且无柄，长圆形至披针形，抱茎。花球着生在短缩茎顶端的花球，花球由肥嫩的主轴和很多肉质花梗以及绒球状的花枝顶端组成，花球畸形发育且组织细密。

3. 甘蓝形态特征

（1）尖头型　叶球小，呈牛心型。叶片长卵形，中肋粗，内茎长。

（2）圆头型　叶球顶部圆形，整个叶球呈圆球形或高桩圆球形。外叶少而结球紧实。

（3）平头型　叶球顶部扁平，整个叶球呈扁球形。

4. 小白菜形态特征

植株矮小，叶片倒卵形或椭圆形，全缘有明显锯齿，着生于短缩茎上，叶色淡绿至墨绿；叶柄肥厚，白色或绿色，长而细或粗大，抱茎呈瓢匙状，不结球。

五、实验步骤

1. 观察大白菜的外观形态属于哪种类型并列出观察依据。
2. 观察花椰菜的外观形态列出与甘蓝的区别。
3. 观察甘蓝所属的形态特征。
4. 描述小白菜的叶片性状以及叶色叶柄的特点。

六、实验报告

分别绘制大白菜、花椰菜、甘蓝、小白菜的外观形态图并标注各部位名称。

实验四十五　西芹和本芹植株形态和管理技术比较

一、实验目的

通过学习本芹和西芹的栽培管理，掌握其形态特征和栽培差异以及采收要点。

二、实验原理

芹菜依叶柄颜色可分为白芹、绿芹和黄芹，白芹和黄芹植株矮小，叶片小，叶柄白色或黄色，易软化，品质好。绿芹植株高大，生长健壮，但不易软化。依叶柄充实与否又可分为实心芹和空心芹。实心芹叶柄的髓部小或不明显；空心芹叶柄髓部大。栽培上常按叶柄形态将芹菜分为本芹和西芹两种类型。

1. 本芹

又称中国芹菜，叶片发达，叶柄细长，一般宽 3 cm 以下，长 50 ～ 100 cm，纤维较多，绿、白、黄芹均有，空心者较多。

2. 西芹

又称洋芹，从国外引进。叶柄特别发达，宽而较短，多为实心，一般宽 3 ～ 5 cm，长 30 ～ 80 cm，纤维少，纵棱突出，味淡、品质好。

三、实验材料及用具

日光温室秋冬茬西芹和本芹植株。

四、实验内容

1. 定植

（1）土壤选择：含有机质丰富，保水、保肥能力强的壤土和黏壤土，pH 为 6.0 ～ 8.0。

（2）定植前施腐熟有机肥，起苗前浇透水。

（3）定植密度：本芹行距 15 cm，西芹行距 30 cm。

（4）定植要点：浅不露根，深不淤心，栽完浇 1 次大水。

2. 田间管理

（1）外叶生长期

①温度调节：日温控制在 18 ～ 20℃，高于 25℃要及时通风。

②水肥管理：从定植到缓苗需小水勤浇，促进缓苗，缓苗后控制浇水进行蹲苗。

（2）心叶肥大期

①温光调节：严冬季节 2 ～ 3 d 通 1 次风，夜间温度要保持在 5℃以上。

②水肥管理：芹菜属浅根系，土壤相对含水量为 60% ～ 80%，空气相对湿度为 60% ～ 70%，心叶向上长时，应结束蹲苗，加强肥水管理，追施尿素 2 ～ 3 次。

3. 收获

本芹可在叶柄高 50 ～ 60cm 时开始擗收。分次擗收，一般每 20—30 d 擗收 1 次。每次收获 1 ～ 3 片，留 2 ～ 3 片。如果一株上摘掉的叶片太多，则回复慢。一般每株可连续收 3 ～ 5 次，采收期达 100 d 左右。西芹一般在植株高达 70 cm 左右，单株重 1 kg 以上时一次性收获。

五、实验步骤

（1）定植；

（2）田间管理；

（3）收获；

（4）植株形态比较。

表 7-2　西芹和本芹植株形态比较

调查项目	西芹	本芹
株高		
叶片形状		
叶柄颜色		
叶柄厚度和宽度		
叶柄实心或空心		
植株香气		
单株产量		

六、实验报告

简述西芹和本芹植株形态和栽培技术上的差异。

实验四十六　菠菜雌雄株的调查比较

一、实验目的

掌握区别不同类型菠菜植株的要点，了解不同类型菠菜植株的特性。

二、实验原理

菠菜营养价值高，栽培面积广，播种季节长，用种量多，如何留好种，是菠菜育种和栽培的关键问题。通过掌握不同类型的雌雄株，有助于更好地指导生产。

三、实验材料及用具

花期的菠菜植株、放大镜、镊子、拨针等。

四、实验内容

1. 菠菜

是雌雄异株的植物，植株有雌雄之分，雄株一般叶片较小，叶数较少，花茎上部常无叶片，雄花序穗状，着生于花茎顶端及叶腋中，虽无花瓣，但开花时花药呈黄色，花序和开花都很明显。雌株叶片较大，雌花呈簇状着生于叶腋中，也无花瓣，花萼 2 ～ 4 裂包被着子房，所以外表看上去雌花不明显，似不开放的样子。实际上雌花同样开花，并接受由风媒传来雄花的花粉，受精结籽。

2. 绝对雄株

植株较矮，根出叶小，茎生叶不发达或呈鳞片状。只生雄花，黄绿色，无花瓣，位于花茎先端。抽薹早，供应期短，为低产类型。尖叶类型的菠菜绝对雄株较多，在采种田中，宜及时拔除。

3. 营养雄株

基生叶较大，植株较绝对雄株高大健壮，根出叶大，茎出叶发达，供应期长，为高产株型。开花期与雌株相近，花期长，有利于授粉。

4. 雌雄同株

植株生长也较旺盛，根出叶和茎出叶均发达，在同一植株上既着生雌花，又有雄花，抽薹晚，花期与雌株相近，也是高产株型。

五、实验步骤

1. 分别统计单位面积内的四种类型植株的数量，计算各株型在总数中所占比例。
2. 描述各株型的形态特征。

六、实验报告

1. 完成各种花器结构示意图。
2. 根据各株型的特点，指出高产株型。

实验四十七　紫背天葵扦插育苗技术

一、实验目的

通过本实验掌握紫背天葵扦插育苗的要点。

二、实验原理

紫背天葵为半栽培种，栽培时通常采用无性繁殖法培育种苗，为了提高种性或经过培育无毒种苗时也可采用种子繁殖。

三、实验材料及用具

紫背天葵种苗、剪刀、细沙土、草炭若干。

四、实验内容及步骤

1. 扦插育苗

育苗床可用清洁的细砂土 2 份，草炭 1 份混匀后铺垫，也可用细碎疏松的一般土壤做床，不宜施肥。紫背天葵的节部易生不定根，利用这种特性可于 4 月上中旬在保护地内进行扦插育苗。从越冬母株上剪去枝条的要求是带顶芽的枝条为 6 ～ 8 cm，以下节段，每段带 3 ～ 4 节叶片。将剪下枝条基部的 1 ～ 2 叶摘掉，蘸少许生根粉（不蘸也能成活）即可插于苗床中，行株距为 6 ～ 10 cm 见方，枝条入土约 2/3，与地面成 60° ～ 70° 角。浇透水，覆盖地膜保温保湿，温度保持在 20℃左右，土壤湿润为适度，不能干旱。约经 10 ～ 15 d 便可成活，长出新叶后，随时可带土移栽。

2. 南方地区

一般在 3 月底至 4 月中下旬开始定植，园地宜选择肥沃疏松的壤土，每亩施优质农家肥 3 ～ 4 t，加适量磷、钾肥，翻地后可做成 1 ～ 1.2 m 宽的高畦，灌足底水准备移栽。一般行株距为 50×（25 ～ 30）cm，每亩株苗 3 500 ～ 5 000 株。定植后浇足水，温度低的地区也可覆盖地膜。

3. 田间管理

紫背天葵的适应性和抗逆性都很强，很少发生病虫害，为了提高产量和品质，主要应做好肥水管理。

（1）追肥　在施足基肥的基础上，在开始采收后，应每采收一次，追施稀薄的人粪尿每亩 1t 或尿素 10 ～ 12 kg。

（2）灌水　虽然紫背天葵的耐旱性很强，但充足的水分供应，有利于茎叶生长，提高产量，改进品质。一般每次追肥后都应及时灌水，遇旱也应灌水，保持土壤经常处于湿润状态。但灌水量不宜太大，以见干见湿为宜。

五、实验报告

1. 完成紫背天葵扦插育苗过程。
2. 记录紫背天葵的生长发育过程。

六、实验报告

1. 绘制尖叶与圆叶类型菠菜全图，并用文字简单描述两者的形态特点。
2. 芹菜全叶图（本芹和西芹）。
3. 根据观察，填入表中。

参考文献

[1] 杨冰．微耕机的构造及使用与维护 [J]．北京农业，2008(16)：37-38.

[2] 王海星．蔬菜种子浸种法 [J]．河北农业科技，1995(08)：20.

[3] 李秋丽，李玉琦．常见蔬菜种子催芽关键技术 [J]．现代农业科技，2016(09)：111-112.

[4] 武日江．山西省朔州市山阴县温室蔬菜育苗技术 [J]．山西农经，2014(04)：114-115.

[5] 张梦雪，赵义良，李云，等．浅谈除草剂类型、危害及防治补救方法 [J]．农业开发与装备，2020(11)：106-107.

[6] 赵玲丽．瓜类蔬菜嫁接育苗及苗期管理要点 [J]．乡村科技，2016(04)：21.

[7] 曹坳程，郭美霞，王秋霞，等．世界土壤消毒技术进展 [J]．中国蔬菜，2010(21)：17-22.

[8] 辜松，王忠伟．日本设施栽培土壤热水消毒技术的发展现状 [J]．农业机械学报，2006(11)：168-170+167.

[9] 王晓平，马伟，张海雷，等．温室智能装备系列之五十三 一种温室育苗基质消毒机研制与试验 [J]．农业工程技术 (温室园艺)，2013(11)：50+52.

[10] 周雪青，张晓文，邹岚，等．设施农业土壤消毒方法比较 [J]．农业工程，2016，6(03)：109-112.

[11] 李灿辉，龙维彪．马铃薯种薯快速繁殖技术 [J]．云南农业科技，1997(05)：43-46.

[12] 王有良．无公害大葱高产高效栽培技术 [J]. 河南农业，2020(34)：39.

[13] 荆建湘．紫背天葵露地高产栽培技术 [J]．中国农村小康科技，2010(02)：32+54.

[14] 蒋欣梅．蔬菜栽培学实验指导 [M]．化学工业出版社，2010(08).

参考文献